畜禽养殖技术百问丛书

养禽 300 问

主编　陈鹏举　赵金凤　李晓迎

河南科学技术出版社

·郑州·

图书在版编目（CIP）数据

养禽300问／陈鹏举，赵金凤，李晓迎主编．
郑州:河南科学技术出版社,2024.9. --（畜禽养殖技术百问丛书）. -- ISBN 978-7-5725-1651-1

Ⅰ. S83-44

中国国家版本馆CIP数据核字第2024TQ0971号

出版发行：河南科学技术出版社
地址：郑州市郑东新区祥盛街27号　　邮编：450016
电话：（0371）65737028　65788613
网址：www. hnstp. cn
策划编辑：陈淑芹　申卫娟
责任编辑：申卫娟
责任校对：王晓红
封面设计：张德琛
责任印制：徐海东
印　　刷：郑州市毛庄印刷有限公司
经　　销：全国新华书店
开　　本：890 mm×1 240 mm　1/32　　印张：6　　字数：170千字
版　　次：2024年9月第1版　　2024年9月第1次印刷
定　　价：25. 00元

本书编写人员名单

主　审　刘长清

主　编　陈鹏举　赵金凤　李晓迎

副主编　廖锋慧　王素军　孙永良　叶文华

编　者　强海波　郭俊清　林永红　李东洋

朱　超　石保建　张自冲　吴章治

谢克歌　戚亚轩　孔庆强　宁肖珂

杜洪德　王建锟　赵勤勤　陈勇臻

前　言

目前我国养禽业规模化发展迅速，养禽规模大小不一，禽病日渐复杂多变，混合感染症状复杂，造成临床诊断与治疗难度越来越大，给养禽业造成了极大的经济损失，严重制约了我国养禽业的健康发展。为此河南省现代中兽医研究院、河南农业大学、中国兽医协会家禽兽医分会，结合动保企业、养禽企业的建议，组织一批临床经验丰富的专家及执业兽医师论证后，决定出版《养禽 300 问》，供广大从事养禽及禽病诊疗的人员参考。

本书编写过程中对禽常见病毒性疾病、细菌性疾病、寄生虫病及普通病，从定义、流行特点、临床症状、病理变化、治疗方案进行详细的总结，增加一些禽病治疗的常用中药方剂及用法与用量，论述了常用的抗微生物药适应证及用法与用量。本书理论联系实际，内容翔实，采用一问一答的形式，通俗易懂，具有科学性、针对性、应用性强等特点，让读者快速掌握要点。

本书是由中国兽医协会家禽兽医分会、河南农业大学和河南省现代中兽医研究院牵头实施，河南省现代中兽医研究院、河南农业大学、河南众科博奕生物科技有限公司、合肥强力动物药品有限责任公司、焦作市保程伟业生物科技有限公司、合肥莱喆生物科技有限公司、山东百晟药业有限公司、安徽省瑞森生物科技有限责任公司、焦作市农科利来生物科技有限公司、山东鲁兽研生物科技有限公司、山东晟阳生物工程有限公司、河南众科邦农生物科技有限公司、山东嘉恒药业有限公司、山东鑫德慧生物科技有限公司、杭州因迈吉生物科技有限公司、河南创鑫生物科技有限公司、河南省亮点动物药业有限公司、河南牧隆兽药有限公司、河南启航生物科技有限公司、黑龙江微球科智生物技术开发有限公司、临沂铭泽兽药有限公司等单位人员参与共同完成，本书在编写过程中引用了一些资料、参考文献，在此一并致以衷心的感谢。

由于编写时间仓促，水平所限，书中难免有疏忽与遗漏、错误与不妥之处，恳请广大行业读者批评指正。

编者

2023年12月

目 录

第一章　病毒性疾病

1. 什么是禽流感？

禽流感（AI）是由禽流感病毒（AIV）引起的多种家禽及野生禽类发病的一种高度接触性传染病，以呼吸系统病症，伴有精神沉郁、饮水和采食量下降、产蛋量下降为特征，其中高致病性禽流感（HPAI）被世界动物卫生组织（OIE）列为必须通报的疫病，也是我国法定的一类传染病，是目前严重危害养禽业的一种传染病。人类感染某些 AIV 毒株会引起严重的呼吸道疾病。

2. 禽流感的流行特点有哪些？

禽流感病毒与其他甲型流感病毒一样，"抗原漂移"和"抗原转换"是引起禽流感病毒变异的主要方式，其中"抗原漂移"可诱发变异产生新的病毒毒株，引起病毒的中小流行；"抗原转换"可诱发产生新的病毒亚型，常常发生较大的疫病流行，造成更严重的危害。

H5 和 H7 的亚型对禽类具有高度的致病力并可引起禽类重症流感的暴发流行，但并非所有的 H5 和 H7 亚型都是高致病性的。而不同血清亚型之间的交叉保护性较弱，这给本病的防治及疫苗研发带来了较大的困难。

病禽、带毒禽和候鸟是主要传染源，以呼吸道和消化道感染为主，通过病禽分泌物和病毒污染的饲料、饮水及其他动物等多途径引起感染，带毒鸟类和鸭、鹅等野生水禽在本病传播中起重要作用，不同品种及各种日龄的禽均易感染，家禽日龄越小发病率、死亡率越高，成年禽相对较低，蛋禽产蛋率下降，一般很难恢复到原来水平。

目前低致病性禽流感流行呈上升趋势，具有发病慢、传播快、低死亡率的特征，蛋禽（尤其是产蛋高峰期）、45日龄以上的土鸡和18~20日龄、28~32日龄肉鸡多发，目前蛋鸡、蛋鸭、蛋鹅发病率逐渐上升。肉鸡发病时常与大肠杆菌病、慢性呼吸道病、传染性支气管炎等病混合感染，引起支气管栓塞症、黑心肺、气囊炎等，致使死亡率增加。

3. 禽流感的临床症状有哪些？

发病前1~3 d，整群禽的精神、采食量、产蛋率无明显变化，接着高热，精神萎靡或沉郁，昏睡，采食量明显减少，甚至食欲废绝，产蛋率急剧大幅度下降或停产，死亡率急剧上升。

多数病禽死前口、眼、鼻孔流出暗红色带血分泌物；病禽鼻窦肿胀，鼻腔分泌物增多，流鼻液，呼吸困难，张口呼吸，咳嗽，排淡黄白色或黄绿色稀粪；流泪，眼结膜潮红、充血、出血，眶下窦内有干酪样物，眼角膜混浊；冠和肉髯瘀血、肿胀，头颈部及皮下水肿；冠髯及胫部鳞片下出血、坏死、发绀，出现运动失调、震颤、扭颈、角弓反张等神经症状。

4. 禽流感的病理变化有哪些？

高致病性禽流感（HPAI）和低致病性禽流感（LPAI）病理变化差异不显著，以内脏组织器官、浆膜、黏膜和皮肤有不同程度水肿、出血和坏死为主要特征。

食道出血，腺胃肿胀，腺胃乳头出血，内有脓性分泌物；肌胃角质层溃烂，肌胃角质层下出血；十二指肠及小肠黏膜环状或条状出血，盲肠扁桃体肿胀、出血、溃疡，直肠及泄殖腔黏膜充血、出血。

腹部脂肪、心冠脂肪、肠系膜脂肪、胃部脂肪、龙骨下脂肪及腿肌内侧四角区脂肪点状出血。

皮下有胶冻样浸润或黄色干酪样物，鼻黏膜充血、出血和水肿，鼻腔充满血样黏性分泌物。

喉头及气管黏膜充血、出血，内有大量黏性分泌物，严重时气管分叉处被黄色干酪样物阻塞。

肺脏水肿、出血、坏死，呈紫黑色，切面流出多量泡沫状液体。心包积液，心内外膜出血，心肌有出血点和出血斑，心肌有灰白色或条索状坏死。

输卵管水肿或萎缩，内有白色脓性分泌物或干酪样物，卵泡膜严重充血和有较大出血斑，呈紫葡萄状，卵黄性腹膜炎。胸腺、胰脏、脾脏、法氏囊出血、萎缩、坏死等。肾脏肿大、出血，呈花斑样。

胸骨滑液囊组织呈黄色胶冻样，腹膜有奶油状乳白色炎性渗出物附着。

部分病例颅顶骨和脑膜严重出血或点状出血，脑组织有大小不一的灰白色坏死灶。

5. 禽流感如何治疗？

疫苗免疫是控制或降低禽流感发生的关键措施，高致病性禽流感目前尚无有效治疗药物，一旦发病，要立即向主管部门报告疫情，严格执行高致病性禽流感防控的相关规定。

根据低致病性禽流感的发病特点，可采用中西医结合的方法试治（仅供参考）。

（1）抗微生物药饮水或拌料，控制细菌的继发感染。

（2）维生素 C 可溶性粉、卡巴匹林钙可溶性粉、氯化铵饮水，退热化痰抗应激等。

（3）干扰素、高免卵黄抗体、转移因子、脾脏水解粉/水解液等饮水，提高机体免疫力。

（4）酵母免疫蛋白饮水。

（5）采用清热解毒、凉血的中药制剂配合治疗。

【处方 1】荆防败毒散：荆芥、茯苓各 45 g，防风、柴胡、枳壳、桔梗各 30 g，羌活、独活、前胡、川芎各 25 g，甘草、薄荷各 15 g。

【用法与用量】鸡 1~3 g/只。

【处方 2】银翘散：金银花 60 g，连翘、牛蒡子、桔梗各 45 g，薄荷、荆芥、淡豆豉各 30 g，淡竹叶 20 g，甘草 15 g。

【用法与用量】禽 1~3 g/只（若呼吸不畅伴有发热配合麻杏石甘散效果更佳）。

【处方 3】清瘟败毒散：石膏 120 g，地黄、栀子、知母、连翘各 30 g，水牛角 60 g，黄连、牡丹皮各 20 g，黄芩、赤芍、玄参、桔梗、淡竹叶各 25 g，甘草 15 g。

【用法与用量】禽 1~3 g/只。

【处方 4】板青颗粒：板蓝根 600 g，大青叶 900 g。

【用法与用量】鸡 0. 5 g/只（每 100 g 相当于原生药 100 g）。

【处方 5】金丝桃素。

【用法与用量】50~70 mg/只。

【处方 6】茵陈金花散：茵陈 70 g，金银花 50 g，黄芩、龙胆、防风、荆芥各 60 g，黄柏、柴胡、甘草各 40 g，板蓝根 120 g。

【用法与用量】一次量，鸡每 1 kg 体重 0. 5 g，每天 2 次，连用 3 d。

【处方 7】羌活、防风、白芷、前胡、桔梗、枳壳、薄荷、甘草各 60 g，荆芥、杏仁、浙贝各 120 g。

【用法与用量】研末，开水泡汁，倒入热饲料中，喂服 2 000 只雏鸭；或熬汁煮谷，喂 1 000 只中鸭，或 700 只成鸭。

【功效】辛凉解表，化痰止咳。

【应用】用本方防治鸭流感不影响食欲，不影响产蛋，治愈率高。热重酌加清热药。

【处方 8】鱼芩连翘散：枯芩、鱼腥草、茵陈、板蓝根各 12 g，苦杏仁、厚朴、陈皮、紫萁贯众、连翘各 9 g，大青叶 13 g，山豆根、桑白皮各 11 g，贝母7 g（河南省现代中兽医研究院研制）。

【用法与用量】禽 0. 25~2. 0 mL/只，每天 1 次，连用 3~5 d。

6. 什么是鸡新城疫?

鸡新城疫（ND）是由新城疫病毒（NDV）强毒株引起鸡和火鸡的一种急性高度接触性传染病，常呈败血症症状。鸡新城疫是 OIE 规定的 A 类传染病，我国将鸡新城疫列为一类动物疫病，目前非典型新城疫发病呈上升趋势。

7. 鸡新城疫的流行特点有哪些?

病鸡和带毒鸡是主要传染源，主要通过呼吸道和消化道传播，其次是眼结膜，带毒种蛋、创伤，交配也可传染。而非易感的野禽、外寄生虫及人畜均可机械地传播新城疫病毒。不同日龄的鸡易感性有差异，70 日龄以下的鸡易感性最高，15~32 日龄、40~60 日龄及产蛋期的鸡发病率高。被 NDV 污染的水、饲料、器械及带毒的野生飞禽、外寄生虫及厂区工作人员等是主要的传播媒介。

本病四季均可发生，发病取决于不同季节新鸡的数量、流动情况和适于病毒存活及传播的条件，污染的环境和带毒的鸡群是造成本病流行的常见原因。

目前鸡新城疫发病日龄越来越早，最早的在 3 日龄可发病，死亡率的高低取决于体内抗体水平的高低。

8. 鸡新城疫的临床症状有哪些?

自然感染时潜伏期为 3~5 d，人工感染时潜伏期为 2~5 d。

病初体温高达 43~44 ℃，精神沉郁，眼半闭似昏睡状，采食减少，饮水增加，嗉囊内有大量酸臭液体，少走动，翅下垂，冠、肉髯呈青紫色，呼吸困难并带有“呼噜”声，排黄绿色粪便；中后期出现腿翅麻痹、运动失调、原地转圈、观星等神经症状，伴随体温下降，最终昏迷而亡。

产蛋鸡产蛋率下降 20%~70%不等，软皮蛋、砂皮蛋、褪色蛋、白壳蛋、小蛋等明显增多，种鸡受精率明显下降，或终因继发感染大肠杆菌病、沙门菌病等疾病引发卵黄性腹膜炎，产蛋不易恢复至正常水平。

商品肉鸡群多集中在16~20日龄、28~32日龄发病，先期呼吸不畅、体温升高，后期出现神经症状，终因消瘦死亡。

9. 鸡新城疫的病理变化有哪些？

鸡新城疫以全身黏膜和浆膜出血，淋巴组织肿胀、出血和坏死，消化道和呼吸道出血为主要病理特征。

病鸡嗉囊内聚积酸臭味、混浊的液体；喉头和气管黏膜充血、出血，内有大量黄白色黏液或黄色干酪样物；腺胃与肌胃交界处有出血点或出血带，腺胃黏膜肿胀、出血，腺胃乳头和乳头间出血，或溃疡、坏死，肌胃角质层下有出血斑点，或粟粒状溃疡；肠黏膜有大小不等的出血点或弥漫性出血，直肠黏膜皱褶有条状出血或点状出血，或有黄色纤维性坏死灶。

淋巴组织和盲肠扁桃体肿大、出血、坏死和溃疡，肠黏膜表面有纤维素性坏死性假膜，略高于黏膜表面，浆膜面呈红色枣核样；输卵管黏膜充血，卵泡充血、出血、变性，甚至坏死；腹部脂肪和心冠脂肪出血；胸腺、脾脏肿大、出血；肾脏充血、水肿；输尿管内有尿酸盐沉积。

10. 鸡新城疫如何治疗？

疫苗接种是预防鸡新城疫的关键措施，发病后及时向有关部门报告疫情并严格隔离病鸡，将病死鸡进行深埋或焚烧，对污染的场地、物品、用具进行彻底消毒，同时对没有发病的鸡群进行紧急接种，以保护未被感染的健康鸡。

非典型新城疫治疗方案（仅供参考），治疗效果受多因素影响。

（1）抗微生物药饮水或拌料，控制细菌的继发感染。

（2）维生素C可溶性粉、卡巴匹林钙可溶性粉、氯化铵、半胱氨酸盐酸盐等饮水。

（3）干扰素、高免卵黄抗体、酵母免疫蛋白、转移因子、脾脏水解粉/水解液等饮水，提高机体免疫力。

（4）使用清瘟败毒、凉血、开窍的中药制剂配合治疗。

【处方 1】清瘟败毒散：石膏 120 g，地黄、栀子、知母、连翘各 30 g，水牛角 60 g，黄连、牡丹皮各 20 g，黄芩、赤芍、玄参、桔梗、淡竹叶各 25 g，甘草 15 g。

【用法与用量】禽 1~3 g/只。

【处方 2】板青颗粒：板蓝根 600 g，大青叶 900 g。

【用法与用量】鸡 0.5 g/只（每 100 g 相当于原生药 100 g）。

【处方 3】金银花、连翘、板蓝根、蒲公英、青黛、甘草各 120 g。

【用法与用量】水煎取汁，供 100 只鸡 1 次饮服，每天 1 剂，连用 3~5 d。

【处方 4】巴豆、米壳、皂角各 50 g，雄黄 20 g，香附、鸦胆子、狼毒各 100 g，鸡矢藤 25 g，韭菜（鲜）、钩吻（鲜）各 250 g，了哥王（鲜）1 000 g，血见愁（鲜）500 g。

【用法与用量】共为末，过筛，按每 1 kg 体重用药 1 g。以少许白酒或红糖为引，加凉开水 5 mL，调和灌服，每天 3 次。

【应用】用本方治疗病鸡，3 d 后诸病状明显减轻，第 5 天痊愈，治愈率 90%。

【处方 5】仙人掌、蛇床子各 10 g。

【用法与用量】以上药物，用香油或猪油调匀，每天喂服 3 次。

【功效】清热解毒，散瘀消肿。

【应用】本方适用于治疗新城疫初期病鸡。如未痊愈，再用绿豆粉拌明矾粉，加仙人掌、蛇床子各 20 g，捣碎，拌匀，用冷水搅和成糊状，每天 3 次，每次 2 汤匙，连喂 1 周，即可痊愈。

【处方 6】大蒜、香油适量。

【用法与用量】每天喂 3 次。

【应用】此方在发病初期使用有效。病初喂药 1 d，重症服 3 d 可减轻症状。再继续用雄黄粉 3 g、白矾粉 3 g、绿豆粉 4 g、黄连 2 g 拌饭做成黄豆大颗粒，每只鸡喂 3~4 粒。

【处方 7】韭菜 75 g，猪油 50 g。

【用法与用量】拌料饲喂。

【应用】用本方治疗新城疫初期病鸡，半天内可好转；再继续喂去皮捣烂的鲜仙人掌，每只鸡每次3 g，每天1次，连喂2 d，可治愈。

【处方8】石翘散：生石膏、水牛角各12 g，知母、生地黄、牡丹皮、板蓝根、竹叶各9 g，甘草、连翘各7 g，大青叶11 g，黄连、金银花各6 g，人参叶5 g（河南省现代中兽医研究院研制）。

【用法与用量】禽0.25~1.5 mL/只，每天1次，连用3~5 d。病情严重时加倍使用。

11. 什么是水禽副黏病毒病？

水禽副黏病毒病（WPD）是由禽副黏病毒（APMV）引起的鸭、鹅等水禽的急性传染性病毒病，主要侵害消化道和呼吸道，不同品种、不同日龄的水禽均可感染。本病以急性水样腹泻、两腿无力、呼吸困难和出现神经症状及产蛋率下降为临床特征，以脑、肝脏、消化管和呼吸系统器官黏膜充血、出血、坏死、溃疡或弥漫性点状出血，胰腺及脾脏肿胀、表面有大小不等的灰白色坏死灶等为病理特征，具有病程短、发病率和死亡率高的特点。

12. 水禽副黏病毒病的流行特点有哪些？

病禽及流行期间的带毒禽是主要传染源，以消化道和呼吸道传播为主，也可通过被病禽污染的空气、饲料、饮水、用具及排泄物、尸体等感染，也可经蛋传播，各种日龄的水禽均易感，雏禽最易感。

本病发生与流行无明显季节性，流行性呈上升趋势，不同日龄的水禽均可发病，20日龄以内的水禽和产蛋期水禽发病率和死亡率最高，死亡率高达100%。本病多与传染性浆膜炎、大肠杆菌病、禽流感等混合感染，致使死亡率增加。

13. 水禽副黏病毒病的临床症状有哪些？

病禽精神沉郁，食欲减少或废绝，饮水增加，体温升高，闭目缩颈，羽毛松乱缺乏油脂并易附着污物，怕冷扎堆；鼻孔周围有黏性分泌物，口中流出黏液，甩头，呼吸困难；水样腹泻，排淡黄白色、灰白色、绿色或黄绿色稀薄粪便，迅速消瘦。

部分病禽后期走路不稳，两腿无力，孤立一旁，或出现瘫痪，转圈，摇头，扭颈或向后仰等神经症状。

蛋禽发病后产蛋率下降。

14. 水禽副黏病毒病的病理变化有哪些？

喉头及气管出血，肺脏出血或瘀血。食道黏膜有芝麻大小灰白色或淡黄色的结痂，易剥离，剥离后可见紫色斑点或溃疡；腺胃乳头与黏膜、腺胃与肌胃交界处有出血点或出血斑；十二指肠、空肠、回肠及泄殖腔黏膜出血、坏死，有时结肠黏膜有豆状大小的溃疡；胰腺出血，表面有少量白色或灰白色坏死点散在；脾脏肿大，心肌色淡偶有出血；肝脏肿大，呈土黄色，出血、坏死等。

15. 水禽副黏病毒病如何治疗？

（1）采用特异性卵黄抗体治疗或鸡新城疫Ⅳ系疫苗紧急接种。

1）副黏病毒卵黄抗体 1~2 mL/只，阿米卡星 2~4 IU/kg 体重，混合后，肌内注射，隔天 1 次；7 d 后采用副黏病毒灭活苗接种，每只 1 mL。

2）鸡新城疫Ⅳ系 4 倍量饮水。

（2）抗微生物药饮水或拌料，若发热严重则配合卡巴匹林钙可溶性粉。治疗时配合维生素 C 可溶性粉、干扰素、高免卵黄抗体、转移因子、脾脏水解粉/水解液及具有清瘟败毒、凉血功效的中药制剂等。

【处方 1】清瘟败毒散：石膏 120 g，地黄、栀子、知母、连翘各 30 g，水牛角 60 g，黄连、牡丹皮各 20 g，黄芩、赤芍、玄参、桔梗、淡竹叶各 25 g，甘草 15 g。

【用法与用量】禽 1~3 g/只。

【处方 2】金银花、板蓝根、地丁各 60 g，穿心莲、乌梅、诃子、栀子、鱼腥草各45 g，党参、黄芪、淫羊藿、升麻、葶苈子各30 g，雄黄15 g。

【用法与用量】用1 500 mL水煎2次，早晚各拌水供500只鹅饮1次。病重鹅，灌服4~5 mL，连用4 d。

【应用】用本方治疗鹅副黏病毒病，用药2 d后病情得到控制，基本不再发生死亡，再连续用药2 d后，病鹅精神状态和饮食情况得到好转。

【处方3】石翘散：生石膏、水牛角各12 g，知母、生地黄、牡丹皮、板蓝根、竹叶各9 g，甘草、连翘各7 g，大青叶11 g，黄连、金银花各6 g，人参叶5 g（河南省现代中兽医研究院研制）。

【用法与用量】禽0.25~1.5 mL/只，每天1次，连用3~5 d。病情严重时加倍使用。

16. 什么是传染性法氏囊病？

传染性法氏囊病（IBD）是由传染性法氏囊病病毒（IBDV）引起雏鸡的一种急性、高度接触性传染病。本病具有突然发病、传播迅速、病程短、死亡曲线呈尖峰式的特点，以腹泻、颤抖、极度衰弱、死亡等为临床特征，典型病理特征是法氏囊高度肿胀、出血或萎缩，花斑肾及胸肌、腿肌、腺胃与肌胃交界处不同程度出血。雏鸡感染后可导致免疫抑制，造成免疫失败或诱发多种疾病，我国列为二类动物疫病，也是严重危害养鸡业的主要传染病之一。

17. 传染性法氏囊病的流行特点有哪些？

病鸡和带毒鸡是主要传染源，主要通过被鸡排泄物污染的饲料、饮水和垫料等经消化道传染，也可通过呼吸道和眼结膜等传播；各种品种的鸡均可感染，3~6周龄的鸡易感，成年鸡一般呈隐性感染。

本病潜伏期为2~3 d，所有的鸡均可发病，具有发病日龄范围广、病程长、免疫鸡群仍可发病的特点。

近几年法氏囊病毒超强毒株（vvIBDV）普遍存在，变异较快，感染日龄早化，最早可见3日龄发病。感染后3 d开始死亡，5~7 d

达到高峰，以后逐渐停息，死亡曲线呈尖峰式；而免疫鸡群尖峰死亡不明显但反复发病。

若鸡群中1‰~3‰的鸡出现呆立，尾部下垂呈犬坐样，拉黄白色奶状粪便，肝脏呈黄灰色或土黄色（死后因肋骨压挤呈红黄相间的条纹状，周边有梗死灶）等症，一般3 d后出现传染性法氏囊病的临床症状，这一点对于早期发现本病具有较大的诊断意义。

18. 传染性法氏囊病的临床症状有哪些？

本病潜伏期为2~3 d。

突然发病，自啄泄殖腔，精神萎靡，羽毛蓬松，翅膀下垂，震颤，闭目打盹呈昏睡状，步态不稳，严重时卧下不动。病鸡食欲下降或废绝，饮水量剧增，拉白色或水样粪便并带有蛋清样分泌物，泄殖腔周围的羽毛被粪便污染。

发病中后期病鸡对外界刺激反应迟钝或消失，体温下降，扎堆，垂头、卧地不起，严重脱水，极度衰弱而死亡。

19. 传染性法氏囊病的病理变化有哪些？

机体脱水，鸡爪发干，肌肉暗淡无光泽；腿肌和胸肌有出血点或出血斑，呈刷状或条纹状；肌胃与腺胃交界处有条状出血；肾脏不同程度地肿胀，多因尿酸盐沉积而呈红白相间的“花斑肾”外观，输尿管内有尿酸盐沉积，严重时堵塞输尿管；法氏囊水肿、出血，比正常肿大2倍以上，严重时呈紫黑色葡萄状，5 d后逐渐萎缩；法氏囊内黏液增多，黏膜皱褶多混浊不清，黏膜表面有点状出血或弥漫性出血，严重时法氏囊内有奶油样或干酪样渗出物；肝脏呈黄灰色或土黄色，死后因肋骨压挤呈红黄相间的条纹状，周边有梗死灶。

20. 传染性法氏囊病如何治疗？

免疫接种是预防本病的关键措施，发病后肌内注射高免卵黄抗体（配合抗微生物药），也可采用卵黄抗体饮水。治疗7 d后，接种法氏囊疫苗。

采用扶正祛邪、清热解毒、凉血止痢的中药制剂配合治疗。

【处方1】扶正解毒散：板蓝根、黄芪各60 g，淫羊藿30 g。

【用法与用量】鸡0.5~1.5 g/只。

【处方2】清瘟败毒散：石膏120 g，地黄、栀子、知母、连翘各30 g，水牛角60 g，黄连、牡丹皮各20 g，黄芩、赤芍、玄参、桔梗、淡竹叶各25 g，甘草15 g。

【用法与用量】禽1~3 g/只。

【处方3】法氏宁散：黄芪、板蓝根各150 g，大青叶、猪苓各100 g，金银花、茯苓各80 g，党参、当归、栀子各70 g，苍术60 g，红花30 g，甘草40 g。

【用法与用量】混饲，鸡每100 kg饲料2 kg，重症鸡每1 kg体重2 g，预防用量酌减。使用时也可以按上述用量将药用开水适量浸泡1 h，取上清液供鸡饮用，药渣拌料饲喂。

【处方4】金翘败毒散：金银花、连翘、黄芩、栀子、板蓝根、知母、丹参、大青叶、玄参、地黄、黄柏、牡丹皮各40 g，绵马贯众、赤芍、甘草各30 g，石膏100 g，黄连20 g。

【用法与用量】一次量，鸡每1 kg体重0.4~0.5 g，每天1~2次，连用3~5 d。

【处方5】三黄金花散：黄芪、蒲公英、金荞麦、茯苓、党参、大青叶、红花、板蓝根各200 g，黄连80 g，金银花、黄芩、茵陈、藿香各100 g，甘草150 g，石膏50 g。

【用法与用量】拌料，一次量，鸡每1 kg体重0.5~0.8 g，每天3次。

【处方6】石穿散：生石膏500 g，板蓝根、穿心莲、白头翁各300 g，葛根、黄连、地黄、白芍、秦皮、黄芪各200 g，木香、连翘各150 g，甘草100 g。

【用法与用量】一次量，鸡每1 kg体重0.6~0.9 g，每天2次。

【处方7】板二黄散：黄芪、板蓝根各600 g，白术450 g，淫羊藿400 g，连翘、山楂各300 g，黄柏（盐炙）、地黄各350 g。

【用法与用量】一次量，鸡每1 kg体重0.6~0.8 g，每天2次，连用 2 d。

【处方 8】攻毒汤：党参、黄芪、金银花、板蓝根、大青叶各 30 g，蒲公英 40 g，甘草（去皮）10 g，蟾蜍 1 只（100 g 以上）。

【用法与用量】将蟾蜍置砂罐中，加水 1 500 mL 煎沸，稍后加入其他中药，文火煎沸，放冷取汁，供 100 只中雏 1 天 3 次混饮或混饲。也可干燥制成粉末拌料，用量可减至 1/3~1/2。

【处方 9】党参、黄芪、蒲公英、大青叶各 100 g，板蓝根 150 g，金银花、黄柏、车前草、甘草各 50 g，黄芩、藿香各 30 g。

【用法与用量】将上述药物装入砂罐内用凉水浸泡 30 min 后煎熬，煎沸后文火煎 30 min，连煎 2 次。混合药液浓缩至 2 000 mL 左右。给鸡群自饮，对病重不饮水的鸡用滴管灌服，每次 1~2 mL/只，每天 3 次。

【应用】用本方治疗鸡传染性法氏囊病效果显著。在治疗期间，配合口服补液盐饮水（氯化钠 3.5 g，碳酸氢钠 2.5 g，氯化钾 1.5 g，葡萄糖 20 g，水 2 500~5 000 mL）。

【处方 10】大青叶、板蓝根、蒲公英各 100 g，金银花、黄芩、黄柏各 50 g，生石膏、生地黄、栀子各 20 g，甘草 40 g。

【用法与用量】水煎 2 次，煎至 2 kg 药液，供 200 只病鸡服用。

【处方 11】清解汤：生石膏 130 g，生地黄、板蓝根各 40 g，赤芍、牡丹皮、栀子、玄参、黄芩各 30 g，连翘、黄连、大黄各 20 g，甘草 10 g。

【用法与用量】将药在凉水中浸泡 1.5 h，然后加热至沸，文火维持 15~20 min，得药液 1 500~2 000 mL。复煎 1 次，药液合并混匀，供 300 只鸡 1 d 饮服。给药前断水 1.5 h。

21. 什么是传染性喉气管炎？

传染性喉气管炎（ILT）是由喉气管炎病毒（ILTV）引起的鸡的一种急性呼吸道疾病，其病毒是一种疱疹病毒。本病以呼吸困难、气喘、咳嗽、咳出血痰为临床特征，以喉部和气管黏膜肿胀、出血、糜烂、坏死为病理特征。常引起鸡死亡和产蛋率下降，给养鸡业造成巨大的经济损失。

22. 传染性喉气管炎的流行特点有哪些？

病鸡和康复后的带毒鸡是主要传染源，经上呼吸道及眼内传染，也可经咳出血液和黏液通过上呼吸道传播及消化道传染，虽不垂直传播，但种蛋及蛋壳上的病毒感染鸡胚后，鸡胚在出壳前均会出现死亡，三叉神经节是ILTV潜伏感染的主要部位，ILTV只有一个血清型，但因其不同毒株在致病性和抗原性上均有差异，致病力差异很大。

本病主要侵害鸡，各日龄的鸡均可感染，但多发生于成年鸡，青年鸡次之，雏鸡不明显。康复鸡可长期排毒，被病鸡的分泌物污染过的垫草、饲料、饮水及用具等可成为本病的传播媒介。

本病四季均可发生，秋冬季节多发，若鸡群饲养管理不良，如饲养密度过大、拥挤、鸡舍通风不良、维生素缺乏、存在寄生虫感染等都可以促进本病的发生与传播。发病后传播速度快，2~3 d波及全群，感染率可达90%，致死率5%~70%不等，平均10%~20%，产蛋高峰期病死率相对偏高。

目前本病流行呈地方性，发病呈上升趋势，病情逐渐趋于温和，很少单独发病，多与其他疾病如慢性呼吸道病、大肠杆菌病等混合感染致使病症更为复杂。

23. 传染性喉气管炎的临床症状有哪些？

临床分为喉气管型（急性型）和结膜型（温和型）。

（1）喉气管型（急性型）：喉气管型是高度致病性病毒株引起的，病程5~7 d，多发生于产蛋高峰蛋鸡，肉鸡也见发病。

鸡冠及肉髯呈暗紫色，死亡鸡体况较好，多因窒息死亡，死亡时多呈仰卧姿势；鼻腔内有分泌物，呼吸时发出湿啰音，接着呼吸困难，抬头伸颈，并发出响亮的喘鸣声，一呼一吸而呈波浪式的起伏；咳嗽或摇头时咳出血痰，血痰常附着于墙壁、水槽、食槽或鸡笼上；部分病鸡肿脸，肿头，流泪，拉绿色粪便；产蛋率急剧下降，畸形蛋、砂皮蛋、软皮蛋等增多。

（2）结膜型（温和型）：结膜型是低致病性病毒株引起的，病程2~3周，呈地方流行性，目前60~110日龄蛋鸡发病率高于产蛋期蛋鸡，多与大肠杆菌病、慢性呼吸道病混合感染，引起单侧或双侧面部肿胀。

病鸡精神委顿，生长迟缓，眶下窦肿胀，眼结膜红肿，流泪，眼分泌物从浆液性到脓性，甚至内有黄白色干酪样物，最后导致眼盲等。蛋鸡发病后产蛋率下降，很难恢复到正常水平，蛋品质较差，如畸形蛋增多等。

24. 传染性喉气管炎的病理变化有哪些？

（1）喉气管型：喉和气管黏膜充血、出血，炎症也可扩散到支气管、肺脏、气囊、眶下窦等；鼻腔渗出物中带有血凝块或纤维性干酪样物，鼻腔和眶下窦黏膜发生卡他性或纤维素性炎；喉头和气管黏膜肥厚、高度潮红、出血或增生，内有黏液性分泌物，严重时喉头及气管内有纤维素性干酪样假膜，呈灰黄色附着于喉头周围，堵塞喉腔和气管，特别是堵塞喉裂部，干酪样物脱落后，黏膜急剧充血，轻度增厚，点状或斑状出血。

蛋鸡卵巢异常，卵泡充血、出血、变性、坏死等。

（2）结膜型：有些病例单独侵害眼结膜，结膜充血、水肿，点状出血或角膜溃疡；有的则与喉头、气管病变合并发生；有些病鸡的眼睑特别是下眼睑发生水肿等。

25. 传染性喉气管炎如何治疗？

发病鸡采用传染性喉气管炎疫苗紧急接种，建议每1 000只配合庆大霉素4万~8万IU滴鼻点眼。

抗微生物药饮水或拌料，控制细菌继发感染，治疗时配合具有清热解毒、祛痰、通利咽喉功效的中药制剂及转移因子、干扰素、脾脏水解粉/水解液等。

【处方1】喉炎净散：板蓝根840 g，蟾酥80 g，合成牛黄60 g，胆膏120 g，甘草、玄明粉各40 g，青黛24 g，冰片28 g，雄黄90 g。

【用法与用量】鸡0.05~1.5 g/只。

【处方2】金芩蓝口服液：金银花、黄芩、板蓝根各250 g，连翘500 g。

【临床应用】多用于治疗慢性呼吸道病、传染性喉气管炎、传染性支气管炎等引起的咳喘症。

【用法与用量】混饮，1 000 mL药液兑水500 kg，连用5 d。

【处方3】呼炎康散：麻黄24 g，苦杏仁、桔梗、连翘各50 g，生石膏90 g，甘草、黄芩各60 g，板蓝根、鱼腥草各80 g，山豆根、射干各75 g。

【用法与用量】内服，鸡每1 kg体重1 g，连用5 d。

【处方4】复方麻黄散：麻黄、桔梗、氯化铵各300 g，薄荷120 g，黄芪30 g。

【用法与用量】混饲，鸡每1 kg饲料8 g。

【处方5】镇咳涤毒散：麻黄150 g，甘草、穿心莲、山豆根、蒲公英、板蓝根、石膏各100 g，连翘70 g，黄芩50 g，黄连30 g。

【用法与用量】混饲，鸡1 kg饲料8 g。

【处方6】银翘清肺散：金银花、甘草各10 g，连翘、陈皮、葶苈子、麻黄各20 g，板蓝根、玄参各30 g，紫菀、黄芪、黄柏各15 g。

【用法与用量】混饲，鸡每1 kg饲料2 g，连用3~6 d。

【处方7】茵陈金花散：茵陈70 g，金银花50 g，黄芩、龙胆、防风、荆芥各60 g，黄柏、柴胡、甘草各40 g，板蓝根120 g。

【用法与用量】一次量，鸡每1 kg体重0.5 g，每天2次，连用3 d。

【处方8】桔梗栀黄散：桔梗60 g，山豆根、苦参各30 g，栀子、黄芩各40 g。

【用法与用量】禽2~3 g/只。

【处方9】加减清肺散：板蓝根150 g，金银花、百部、玄参、浙贝母、陈皮各50 g，连翘、紫菀、苍术各70 g，黄芪、山豆根、葶苈子、黄柏、泽泻各100 g，知母90 g，桔梗80 g。

【用法与用量】混饲，鸡每 1 kg 饲料 20 g。

【处方 10】喉气散：黄连、黄柏、板蓝根各 30 g，黄芪 20 g，大青叶 40 g，穿心莲、甘草、桔梗、麻黄各 50 g，杏仁 60 g。

【用法与用量】混匀粉碎，过 80 目［目为非法定计量单位，表示 1 in^2（英寸^2）上的孔数］筛，按每只每次 1.5 g 拌料喂服或投服，每天 2 次。

【功效】清热泻火，止咳化痰。

【应用】用本方治疗海兰蛋鸡传染性喉气管炎，5 d 后全部治愈，10 d 后产蛋率开始回升，疗效（98%）显著高于西药（红霉素加病毒灵，65%）。

【处方 11】清咽下痰汤：玄参、牛蒡子、浙贝母、射干、瓜蒌、大青叶、板蓝根、芦根各 10 g，桔梗、紫草各 6 g，马兜铃、牛膝各 12 g。

【用法与用量】以上药共煎取汁，供总体重 50 kg 鸡群自由饮用。

【功效】清火解毒，降火下痰，利咽消肿。

【应用】用本方治疗 100 日龄三黄鸡传染性喉气管炎，每天 1 剂，连用 3 d 痊愈。治疗 50 日龄麻鸡，3 d 告愈。

【处方 12】麻黄、知母、贝母、黄连各 30 g，桔梗、陈皮各 25 g，紫苏、杏仁、百部、薄荷、桂枝各 20 g，甘草 15 g。

【用法与用量】水煎 3 次，合并药液，供 100 只成年鸡混饮，每天 1 剂，连用 3 剂。

【应用】用本方治疗鸡传染性喉气管炎，治愈率 98%，预防保护率 100%。治愈后的蛋鸡能很快恢复产蛋率。

【处方 13】板蓝根、大青叶、荆芥、防风各 300 g，蒲公英、桔梗、远志、麻黄、山豆根、白芷各 180 g，甘草 120 g。

【用法与用量】煎汁，加食糖 150 g、维生素 C 2.4 g，供 800 只体重 1.5 kg 左右鸡早晚各 1 次饮服（小鸡减半），药渣研末拌料，每天 1 剂，连服 5 剂。

【应用】用本方治疗鸡传染性喉气管炎，治愈率为 96.7%，保护率100%，轻者2剂，重者5剂，未见复发，产蛋鸡经25 d左右，产蛋率上升到85%。

26. 什么是传染性支气管炎？

传染性支气管炎（IB）是由冠状病毒科冠状病毒属的传染性支气管炎病毒（IBV）引起鸡的一种急性高度接触性呼吸道和泌尿生殖道疾病，其特征是病鸡气喘、咳嗽、打喷嚏、流鼻涕和气管啰音，蛋鸡产蛋率和蛋品质下降。本病具有传染性强、传播快、潜伏期短、死亡率高的特点。

目前我国IBV流行的优势基因型以QX型为主，TW型（台湾型）有增加的趋势。根据IBV血清型多、变异频繁，不同毒株的免疫原性、致病性和组织亲嗜性的不同，又分为呼吸道型、肾型、腺胃型和生殖道型。

27. 传染性支气管炎的流行特点有哪些？

病鸡和康复后带毒鸡是传染源，感染鸡排毒可长达2周，主要通过呼吸道传播，也可通过被污染的饲料、饮水和器具等媒介间接经消化道传播，一般认为本病不经垂直传播，只感染鸡。不同年龄、品种鸡均易感，以雏鸡和产蛋鸡最易感，40日龄内的雏鸡发病最为严重，死亡率高达30%。

若1日龄感染呼吸道型传染性支气管炎则造成永久性的输卵管受损，10~18日龄感染则造成较多的假母鸡，也是蛋鸡不下蛋或产蛋无高峰的原因之一。

本病四季均可发病，传播迅速，一旦感染，很快传播全群，过热过冷、拥挤、通风不良、饲养密度过大、饲料中的营养成分配比不适当、缺乏维生素和矿物质及其他不良应激因素等都会促进本病的发生与流行，发病率高可达100%。

本病常与大肠杆菌病、慢性呼吸道病、禽流感（H9）等混合感染，引起肉鸡支气管栓塞症、黑心肺、气囊炎等，致使死亡率增加。

28. 传染性支气管炎的临床症状有哪些?

（1）呼吸道型：病雏鸡精神委顿，缩头，闭眼沉睡，翅膀下垂，羽毛松散无光，怕冷挤堆，流鼻液，流泪，打喷嚏，伸颈，张口喘气，伴随呼吸发出喘鸣音，个别鸡面部肿胀。

产蛋鸡除有呼吸道症状外，还有开产推迟和产蛋下降，产蛋下降25%~50%不等，伴随薄壳蛋、褪色蛋、畸形蛋、“鸽子蛋”或粗壳蛋等增多，蛋清稀薄如水，易与蛋黄分离，蛋白黏着于壳膜表面，种蛋孵化率降低，产蛋不易恢复到原有的水平。

（2）腺胃型：多发于20~80日龄雏鸡。病死率与饲养管理条件有关，病死率一般为20%~30%，严重鸡群或有并发症时病死率可达90%以上。

病鸡采食量下降，闭眼嗜睡，前期有流黏性鼻液、流泪、咳嗽等呼吸道症状，中后期鸡体极为消瘦，排黄绿色或白色稀薄粪便，终因衰竭死亡。

（3）肾型：病程1~2周，发病率高，死亡率常随感染日龄、病毒毒力大小和饲养管理条件而不同，通常为10%~45%不等。2~4周龄的雏鸡多发，育成年鸡和产蛋鸡也有发生，成年鸡和产蛋鸡群并发尿石症时死亡率增大。

发病鸡群呈双相性临床症状，即初期有2~4 d的轻微呼吸道症状，随后呼吸道症状消失，出现表面上的“康复”状态，一周左右进入急性肾病阶段，零星死亡。

病鸡精神沉郁，脱水，鸡爪干瘪，鸡冠、面部及全身皮肤发暗，缩颈垂翅，羽毛蓬松，怕冷，采食量减少，甚至食欲废绝，饮水量增多，排出大量白石灰质样粪便或白色米汤样稀粪，肛门周围羽毛被粪便污染。个别鸡因痛风引起瘫痪。

（4）生殖道型：发病初期，病鸡精神萎靡，以“呼噜”症状为主，伴随张口喘气、咳嗽、气管啰音，有的肿眼流泪，一般持续5~7 d；发病中后期，采食量下降5%~20%，粪便变软或拉水样粪便。

新开产鸡多发，主要表现为产蛋率低下，产蛋徘徊不前或上升缓慢，蛋壳质量差、畸形蛋比例高，个别鸡腹部增大（俗称“水裆鸡”），出现假母鸡。

产蛋高峰期发病时，蛋壳表面粗糙、陈旧、变薄、颜色变浅或发白；产蛋率下降的多少因鸡体自身抗病力和毒株不同而异，恢复至原来产蛋水平需要6周左右，但大多数达不到原来的产蛋水平。

29. 传染性支气管炎的病理变化有哪些？

（1）呼吸道型：以鼻腔、鼻窦、气管和支气管内有浆液性、卡他性和干酪样渗出物为特征。

鼻腔、鼻窦内有条状或干酪样渗出物，气囊混浊、坏死或附有黄色干酪样渗出物，气管充血、出血，内有黄白色黏液，严重感染时，气管下1/3处、支气管有干酪样的栓子等。

蛋鸡输卵管发育不良或有囊肿，卵泡充血、出血、坏死，腹膜混浊。

（2）腺胃型：病死鸡机体消瘦，胸肌、腿肌萎缩苍白；气管充血或出血，内有卡他性黏液；肾脏肿大，呈苍白色；腺胃肿大如乒乓球状，腺胃胃壁增厚，腺胃黏膜出血或溃疡，腺胃乳头肿胀、出血或乳头消失；肠黏膜出血，尤其十二指肠出血最为严重。

（3）肾型：严重脱水，肌肉发绀，皮肤与肌肉难剥离，心外膜、肝脏表面及泄殖腔等处有白色尿酸盐沉积。肾脏肿大、苍白、出血、小叶突出，有尿酸盐沉积，花斑肾，输尿管形成白色栓塞，堵塞输尿管。

（4）生殖道型：输卵管水肿、囊肿（呈水袋状），有的输卵管萎缩，卵泡充血、出血、变性、萎缩，甚至坏死。

30. 传染性支气管炎如何治疗？

（1）抗微生物药饮水或拌料控制慢性呼吸道病、大肠杆菌病等细菌性疾病的继发或并发感染。饮水中添加复方碳酸氢盐电解质（碳酸氢钠879 g 、碳酸氢钾100 g 、亚硒酸钠1 g、碘化钾10 g、磷酸二氢钾10 g，混饮，每1 L水，禽1~2 g，连用3 d，夏季仅上午使用）和多种维生素电解质或复方维生素纳米乳，也可以使用别嘌呤醇或丙磺舒、碳酸氢钠饮水，减少尿酸盐生成，促进尿酸盐排出，降低饲料中蛋白质的含量，供应充足的饮水等措施可缓解肾炎的症状。

（2）酵母免疫蛋白、转移因子、干扰素、脾脏水解粉/水解液等饮水配合治疗。

（3）本病由热毒内蕴引起痰涎阻塞气管，导致咳嗽气喘等症，故采用清肺化痰，止咳平喘的中药制剂治疗。

【处方1】白矾散：白矾 60 g，浙贝母、葶苈子各 30 g，黄连、白芷、甘草各 20 g，郁金、大黄各 25 g，黄芩 45 g。

【用法与用量】禽 1~3 g/只。

【处方 2】麻杏石甘散：麻黄、苦杏仁、甘草各 30 g，石膏 150 g。

【用法与用量】禽 1~3 g/只。

【处方3】定喘散：桑白皮、郁金、黄芩、栀子各 25 g，苦杏仁（炒）、紫苏子、白术（炒）、关木通各 20 g，莱菔子、葶苈子、党参、大黄各 30 g。

【用法与用量】禽 1~3 g/只。

【处方 4】清肺止咳散：桑白皮、前胡、连翘、橘红各 30 g，知母、苦杏仁、桔梗各25 g，金银花 60 g，甘草 20 g，黄芩 45 g。

【用法与用量】禽 1~3 g/只。

【处方 5】金芩蓝口服液：金银花、黄芩、板蓝根各 250 g，连翘 500 g。

【临床应用】多用于治疗慢性呼吸道病、传染性喉气管炎、传染性支气管炎等引起的咳喘症。

【用法与用量】混饮，1 000 mL 药液兑水 500 kg，连用 5 d。

【处方 6】呼炎康散：麻黄 24 g，苦杏仁、桔梗、连翘各 50 g，生石膏 90 g，甘草、黄芩各 60 g，板蓝根、鱼腥草各 80 g，山豆根、射干各 75 g。

【用法与用量】内服，鸡每 1 kg 体重 1 g，连用 5 d。

【处方7】禽喘康复散：板蓝根、桔梗、穿心莲各80 g，麻黄、苦杏仁、黄芪、葶苈子各100 g，鱼腥草120 g，茯苓60 g，石膏200 g。

【用法与用量】混饲，鸡每1 kg饲料20 g。

【处方8】复方麻黄散：麻黄、桔梗、氯化铵各300 g，薄荷120 g，黄芪30 g。

【用法与用量】混饲，鸡每1 kg饲料8 g。

【处方9】镇咳涤毒散：麻黄150 g，甘草、穿心莲、山豆根、蒲公英、板蓝根、石膏各100 g，连翘70 g，黄芩50 g，黄连30 g。

【用法与用量】混饲，鸡每1 kg饲料8 g。

【处方10】金银花15 g，连翘、板蓝根各35 g。

【用法与用量】水煎成150 mL，一次喷雾，每天2次。

【功效】清热解毒，凉血利咽。

【应用】用本方治疗海兰白W-36雏鸡传染性支气管炎，治疗3 d，治愈率97%。其他鸡群每只按金银花、连翘、板蓝根各0.25 g的比例，水煎药液拌料饲喂，每天2次，连用4 d，全鸡群恢复正常。

【处方11】支肾通：杏仁10~15 g，桂枝15~25 g，茵陈15~22 g，甘草8~15 g，陈皮15~25 g，车前子10~15 g，黄芪16~25 g，桔梗18~30 g，金钱草20~30 g，瞿麦20~30 g（河南省现代中兽医研究院研制）。

【用法与用量】按照采食量2%~3%的比例，取散剂煮水，药水饮水，药渣拌料。

【应用】治肾型传染性支气管炎，连用5 d，约97%的病禽症状消失，基本痊愈。

31. 什么是鸡心包积液综合征？

鸡心包积液综合征是禽腺病毒C中的血清4型感染鸡引起的以心包积液为特征的一种病毒性传染病。因本病1987年首次发生于巴基斯坦安卡拉地区，因此又称安卡拉病，2014年我国出现此病，蛋鸡、肉鸡、土鸡等禽类均可发生，呈地方流行性，给养鸡业造成较大的经济损失。

32. 鸡心包积液综合征的流行特点有哪些？

本病毒属于禽腺病毒 C 中的血清 4 型，Ⅰ亚群禽腺病毒共有 A、B、C、D、E 5 个种 12 个血清型，各个血清型的病毒之间不能产生交叉保护。带毒鸡是主要传染源，可以垂直传播，也可经粪便、气管和鼻腔黏膜等水平传播，3~6 周龄鸡最易感，不同品种、不同日龄的鸡均可感染发病。

本病传播速度快，呈地方流行性，肉鸡、肉杂鸡、麻鸡、地方土鸡及蛋鸡均可发病，15~70 日龄鸡多发，最早可见 6 日龄鸡发病，300 多日龄的蛋鸡也会发病；病程持续 15~20 d，发病率、死亡率与发病日龄、饲养环境等有较大关系，发病日龄越早，死亡率越高。

33. 鸡心包积液综合征的临床症状有哪些？

病初个别或极少数鸡精神不振，呆立，对外界刺激不明显，采食量下降或不食，拉黄绿色粪便，渐进性消瘦，零星死亡，个别鸡打呼噜。

病初 1~3 d 内死亡率低，5~8 d 后达死亡高峰，接着死亡减少，一般死亡率 30%左右，严重时，死亡率高达 80%，病程持续 15~20 d。

34. 鸡心包积液综合征的病理变化有哪些？

心包内有黄色果冻样物，心包积液高达 20 mL 以上，积液呈淡黄色，心肌疲软。多数病死鸡胸腹腔积液。

肝脏肿大，色淡，肝脏表面有出血条带或大小不一的弥漫性出血斑、灰白色坏死灶；腺胃黏膜瘀血、肿胀，腺胃乳头、腺胃与肌胃交界处出血，角质层下有大小不等的溃疡灶；出血性肠炎，盲肠扁桃体出血；肾脏肿大、苍白或色淡略黄、出血，胰腺变性呈苍白色；气管轻微环状出血；肺脏充血，表面有胶冻样渗出物，局部坏死。

35. 鸡心包积液综合征如何治疗?

发病后采用高免卵黄抗体肌内注射进行治疗，配合复方维生素纳米乳或复合维生素 B 可溶性粉或维生素 C 可溶性粉、干扰素、脾脏水解粉/水解液、转移因子、促肝细胞生长素及具有抗病毒、保肝护肾、增强免疫的中药等。若有细菌感染则使用抗菌药控制继发感染。

【处方 1】肝胆颗粒：板蓝根、茵陈各 1 500 g。

【功效】清热解毒，保肝利胆。

【用法与用量】混饮，每 1 L 水，鸡 1 g。

【处方 2】加减茯白散：板蓝根 15~25 g，白芍 10~20 g，茵陈 20~30 g，龙胆草 10~15 g，党参 7.5~15 g，茯苓 7.5~15 g，黄芩 10~20 g，苦参 10~20 g，甘草 10~30 g，车前草 10~30 g，金钱草 15~45 g（河南省现代中兽医研究院研制）。

【应用】对多因素如脂肪肝综合征、包涵体肝炎、心包积液综合征、鸭病毒性肝炎、肝炎-脾肿大综合征、鸭呼肠孤病毒病、弧菌性肝炎等引起的肝脏肿大等症具有治疗或缓解功效。

【用法与用量】治疗剂量 0.5~2.0 mL/只，每天 1 次，连用 3~5 d。

36. 什么是鸡肝炎-脾肿大综合征?

鸡肝炎-脾肿大综合征（HS）是禽戊型肝炎病毒（HEV）引起的蛋鸡和肉鸡的一种病毒性传染病，以死亡率上升和产蛋率下降为主要临床特征，以肝脾肿大、出血，肝脏、脾脏和腹腔周围有瘀血为主要病理变化。该病有多种叫法，如出血性肝病、出血性坏死性肝脾肿大、坏死出血性肝炎、坏死出血性肝炎-脾肿大综合征、大肝大脾病等。近几年我国也有发生，发病呈上升趋势，可造成较大的经济损失。

37. 鸡肝炎-脾肿大综合征的流行特点是什么?

病鸡的粪便是主要传染源，主要通过粪-口经消化道传播，鸡是HEV的唯一宿主，不同日龄的鸡均可感染，发病日龄不等，15~70日龄多发，最早可见6日龄发病，300多日龄的蛋鸡也发病，180日龄以后的蛋鸡发病率最高。

本病很容易在鸡群之间和鸡群内部传播，不同地区感染率不同，发病率和死亡率低，主要表现为零星死亡，产蛋率下降明显可高达20%。本病目前常与大肠杆菌病、沙门菌病、产气荚膜梭菌感染等细菌性疾病混合感染，死亡率达30%以上。

38. 鸡肝炎-脾肿大综合征的临床症状有哪些?

该病临床发病率和死亡率相对较低，每周死亡率在1%内，发病持续3~4周。

病鸡鸡冠和肉垂苍白，精神沉郁，厌食，腹泻，肛周羽毛被污染或有糊状粪便，出现零星死亡。

感染鸡群个体差异大，开产期推迟，无产蛋高峰或产蛋率下降明显，高达20%，蛋壳质量差，蛋壳颜色变淡、褪色，变薄，小鸡蛋增多。

39. 鸡肝炎-脾肿大综合征的病理变化有哪些?

特征性病变主要见于肝脏。肝脏肿大、出血、坏死或增生性肿瘤样病变，易碎，肝脏表面有红色、白色和黄褐色色斑的病灶；肝被膜下有血肿或血凝块；腹腔中有红色液体或血凝块。脾脏极度肿大，可达正常脾脏的2~3倍，有白斑。卵巢常退化，有的发育不良，有的卵泡萎缩、变形等。

40. 鸡肝炎-脾肿大综合征如何治疗?

加减茯白散配合维生素C可溶性粉、干扰素、脾脏水解粉/水解液、转移因子、促肝细胞生长素等治疗，具有较好的治疗效果。

【处方1】肝胆颗粒：板蓝根、茵陈各1 500 g。

【功效】清热解毒，保肝利胆。

【用法与用量】混饮，每1 L水，鸡1 g。

【处方2】加减茯白散：板蓝根15～25 g，白芍10～20 g，茵陈20～30 g，龙胆草10～15 g，党参7.5～15 g，茯苓7.5～15 g，黄芩10～20 g，苦参10～20 g，甘草10～30 g，车前草10～30 g，金钱草15～45 g（河南省现代中兽医研究院研制）。

【应用】对多因素如脂肪肝综合征、包涵体肝炎、心包积液综合征、鸭病毒性肝炎、肝炎-脾肿大综合征、鸭呼肠孤病毒病、弧菌性肝炎等引起的肝脏肿大等症具有治疗或缓解功效。

【用法与用量】0.5～2.0 mL/只，每天1次，连用3～5 d。

41. 什么是鸡包涵体肝炎？

鸡包涵体肝炎（IBH）又称为贫血综合征，是由禽腺病毒引起的一种急性传染病，其特征为突然发病，死亡率突然增加，贫血，黄疸，肝肿大、出血和坏死。1951年美国首次报道本病，我国也有发生，呈地方流行性。

42. 鸡包涵体肝炎的流行特点有哪些？

本病多发于4～10周龄的鸡，肉鸡多发，产蛋鸡很少发病，以3～9周龄的鸡最常见。

病鸡和带毒鸡是传染源，以垂直传播为主，也可经呼吸道及眼结膜等途径传播，还可通过接触病鸡或被病鸡污染过的鸡舍、饲料、饮水等经消化道而传染，只有鸡易感，5周龄鸡最易感。

43. 鸡包涵体肝炎的临床症状有哪些？

自然感染潜伏期1～2 d，病程一般为10～14 d。病鸡发病迅速，突然死亡，精神沉郁，嗜睡，肉髯褪色，皮肤呈黄色，皮下有出血，排水样稀粪，3～5 d达到死亡高峰，5 d后死亡减少或逐渐停止。蛋鸡产蛋率下降，腹泻。

44. 鸡包涵体肝炎的病理变化有哪些?

肝脏肿大，脂肪变性，质脆易裂，有点状或斑驳状出血，或隆起坏死灶散在；脾脏有白色斑点状和环状坏死灶，骨髓灰白色或黄色或桃红色；肾脏肿胀呈灰白色，散在出血点，皮下组织、脂肪和肠浆膜、黏膜等出血，胸肌和腿肌苍白并有出血斑点。有的法氏囊萎缩，胸腺水肿。

45. 鸡包涵体肝炎如何治疗?

(1) 发病后，采用抗微生物药饮水或拌料控制细菌继发感染，配合维生素 C 可溶性粉、复方维生素纳米乳、转移因子、干扰素、脾脏水解粉/水解液、促肝细胞生长素等。

(2) 中药辅助治疗。

【处方 1】肝胆颗粒：板蓝根、茵陈各 1 500 g。

【功效】清热解毒，保肝利胆。

【用法与用量】混饮，每 1 L 水，鸡 1 g。

【处方 2】加减茯白散：板蓝根 15~25 g，白芍 10~20 g，茵陈 20~30 g，龙胆草 10~15 g，党参 7.5~15 g，茯苓 7.5~15 g，黄芩 10~20 g，苦参 10~20 g，甘草 10~30 g，车前草 10~30 g，金钱草 15~45 g（河南省现代中兽医研究院研制）。

【应用】对多因素如脂肪肝综合征、包涵体肝炎、心包积液综合征、鸭病毒性肝炎、肝炎-脾肿大综合征、鸭呼肠孤病毒病、弧菌性肝炎等引起的肝脏肿大等症具有治疗或缓解功效。

【用法与用量】0.5~2.0 mL/只，每天 1 次，连用5~7 d。

46. 什么是禽痘?

禽痘（FP）是由禽痘病毒（FPV）引起禽类的一种急性、热性、高度接触性传染病，以皮肤痘疹或上呼吸道、口腔和食管黏膜形成纤维素性坏死和增生性病灶为特征。临床分为四种类型即皮肤型、黏膜型（白喉型）、混合型、眼鼻型，目前两种以上类型混合感染居多。

47. 禽痘的流行特点有哪些？

病禽是主要传染源，一般通过蚊虫叮咬和破损的皮肤或黏膜感染，而脱落或散落的痘痂是散布病毒的主要方式，不同品种、日龄的禽及野鸟均可感染，家禽中鸡最易感，雏禽多发且病情严重，死亡率高。

本病四季都可发生，夏秋季多发皮肤型，冬季以黏膜型为主。我国南方气候潮湿、蚊虫多，更易发病，病情更为严重。某些不良因素如拥挤、通风不良、阴暗、潮湿、患体外寄生虫病、啄癖或外伤、饲养管理不善或饲养配比不当等均可促使本病发生与流行或病情加剧。

本病若与传染性鼻炎、大肠杆菌病、慢性呼吸道病、霉菌感染、副黏病毒感染、葡萄球菌病等并发或继发时，会造成大批死亡。

48. 禽痘的临床症状有哪些？

（1）黏膜型（白喉型）：多发于雏禽，病死率较高。前期呈鼻炎症状，2~3 d后，口腔、咽、喉、鼻腔、食道黏膜、气管及支气管等部位形成黄白色小结节，逐渐增大相互融合形成黄白色干酪样假膜（俗称白喉），假膜为坏死的黏膜和炎性渗出物凝固组成。随着病情的加重，假膜阻塞口腔和咽喉部，造成呼吸和吞咽困难，终因饥饿或窒息而死。

（2）皮肤型：皮肤型的特征是在身体无毛部位，如冠、肉髯、嘴角、眼睑、耳球、腿、泄殖腔和翅的内侧等部位形成一种特殊的痘疹。

最初痘疹为细小的灰色麸皮状，随后体积迅速增大，形成如豌豆大灰色或灰白色的结节，痘疹表面凹凸不平，结节坚硬而干燥，内含有黄脂状糊块，有时结节很多相互融合，最后形成棕黑色的痘痂，突出于皮肤的表面，脱落后形成一个平滑的灰白色瘢痕而痊愈。

病重的雏禽精神萎靡，食欲减退，体重减轻，甚至死亡；蛋禽产蛋减少或停止。

（3）眼鼻型：常伴黏膜型发生，多与大肠杆菌病、慢性呼吸道病混合感染。病禽眼和鼻孔中流出水样液体，后变成淡黄色浓稠的脓液；病程稍长时，眶下窦有炎性渗出物蓄积，眼睑肿胀，结膜充满脓性或纤维性蛋白渗出物，可挤出干酪样凝固物，有结膜炎、角膜炎，有的失明。

（4）混合型：同时发生两种及以上的类型，一般病情严重，死亡率高，以上不同类型的症状均可出现。

49. 禽痘的病理变化有哪些？

（1）黏膜型（白喉型）：口腔、咽喉、气管或食道黏膜有黄白色小结节，后形成黄白色干酪样假膜，假膜可以剥离，剥离后气管表面呈浅红色出血。有时喉头黏膜增生致使喉裂狭窄阻塞喉头。当病情危害到支气管时引起肺炎。

（2）皮肤型：皮肤型特征性病变是局部表皮及其下层的毛囊增生形成结节。痘疹表面凹凸不平，结节坚硬而干燥，切开结节内面出血、湿润，结节脱落后形成一个平滑的灰白色瘢痕。

（3）眼鼻型：眼结膜发炎、潮红，切开眶下窦，内有炎性渗出物蓄积；切开眼部肿胀部位，可见黄白色干酪样凝固物。

（4）混合型：出现以上两种或两种以上的病理变化。

50. 禽痘如何治疗？

接种疫苗是预防本病的重要措施，目前治疗禽痘尚无特效药物，但采取疫苗紧急接种和中西医结合原则治疗有效。对剥离的痘痂、假膜等集中销毁，以防病毒的扩散。

疫苗接种 24 h 后，配合抗微生物药、鱼肝油、复方维生素纳米乳、干扰素、脾脏水解粉/水解液、转移因子及中药制剂等治疗。

【处方 1】龙胆草 90 g，板蓝根 60 g，升麻 50 g，金银花、野菊花各 40 g，连翘、甘草各 30 g。

【用法与用量】加工成细粉，按每只鸡每天 1.5 g 拌入饲料内分上、下午集中喂服。

【应用】用本方治疗混合型鸡痘，同时配合西药，饮0.4%盐酸吗啉胍水溶液，连用5 d，饮水中可加阿米卡星防止继发感染，饲料内增加多种维生素、鱼肝油，增强抗病力，促进愈合，连用5 d治愈。

【处方2】金银花、连翘、板蓝根、赤芍、葛根各20 g，蝉蜕、甘草、桔梗、竹叶各10 g。

【用法与用量】水煎取汁，供100只鸡混饲或混饮，连用3 d。

【应用】用本方治疗鸡痘效果良好，适用于混合型鸡痘。

【处方3】板蓝根75 g，麦冬、生地黄、牡丹皮、连翘、莱菔子各50 g，知母25 g，甘草15 g。

【用法与用量】水煎制成1 000 mL药液，供500只鸡混饲或灌服。

【应用】用本方治疗鸡痘效果显著，适用于黏膜型鸡痘。

【处方4】栀子、甘草各100 g，牡丹皮、黄芩、山豆根、苦参、白芷、皂角、防风各50 g，金银花、黄柏、板蓝根各80 g。

【用法与用量】按每只鸡每天0.5~2 g水煎取汁，混饲，连用3~5 d。

【应用】用本方治疗鸡痘效果良好。此方适用于皮肤型鸡痘。

【处方5】荆芥、防风、川芎、赤芍各9 g，蒲公英15 g，黄芩、栀子各12 g，大黄、甘草各10 g。

【用法与用量】水煎取汁供50只鸡饮服或粉碎后拌料喂服。

【应用】用本方治疗鸡痘7~10 d后治愈。

【处方6】黄芪、槟榔、党参、贯众、何首乌、山楂各30 g，肉桂15 g。

【用法与用量】加水适量煮沸30 min，取汁供50只成年鸡拌料喂服或饮水，每天2~3次。

【应用】用本方治疗鸡痘治愈率达95%，一般2~3剂治愈。

【处方7】野菊花、连翘、蒲公英、紫花地丁、柴胡、白芷、板蓝根各50 g，金银花、黄柏各60 g，黄连20 g。

【用法与用量】煎水，供 100 kg 病鸡自饮或灌服。

【处方 8】金银花、板蓝根、牡丹皮、防风、黄芩各 70 g，栀子 90 g，山豆根、黄柏、甘草各 80 g，白芷、紫草各 60 g，桔梗、葛根各 50 g，升麻 100 g。

【用法与用量】共为细末，按每只鸡 1~2 g 投服或拌料喂服。

【应用】用本方治疗鸡痘 1 300 只，其中皮肤型 980 只，黏膜型 320 只，总治愈率分别为 98%和 95%，一般用药 2~4 d 即愈。

【处方 9】紫草、明矾各 60 g，龙胆末 30 g。

【用法与用量】先将紫草用水浸泡 20 min，再用文火煎 1 h，过滤去渣取汁，加入明矾和龙胆末，再用慢火熬 20 min，供 100 只鸡每天早、晚 2 次喂服。

【处方 10】金银花、连翘各 20 g，薄荷、蝉蜕各 15 g，延胡索、柽柳各 10 g。

【用法与用量】水煎成 500 mL，供自由饮用或拌入当日饲料，轻症连用 3~5 d，重症连用 5~7 d。

51. 什么是产蛋下降综合征？

产蛋下降综合征（EDS-76）是由腺病毒Ⅲ群中的病毒感染引起的，以产蛋率下降为特征的一种急性病毒性传染病。本病主要表现为产蛋率突然下降或产蛋达不到高峰，短期内异常蛋如软壳蛋、无壳蛋、薄壳蛋及畸形蛋等大量增多，蛋壳颜色变浅，表面粗糙，表面有灰白色或灰黄色粉状物等，发病率较低。

本病病毒属于禽腺病毒血清Ⅲ群，在血清学上与腺病毒Ⅰ和Ⅱ型无关，仅有 1 个血清型，具有血凝性，能凝集鸡、鸭、火鸡、鹅、鸽的红细胞，但不能凝集家兔、绵羊、马、猪、牛的红细胞，可用血凝抑制试验鉴定本病病毒。

52. 产蛋下降综合征的流行特点有哪些？

本病主要侵害24~36周龄鸡，幼龄鸡感染后不表现临诊症状。当鸡群发生该病时，可能与雏鸡阶段感染QX型传染性支气管炎、呼肠弧病毒感染及慢性呼吸道疾病等有关。

病鸡、带毒鸡及带毒的水禽是传染源，主要经受精卵垂直传播，水平传播也是很重要的传播方式，病鸡的输卵管、泄殖腔、粪便、肠道内容物都能分泌病毒，并向外排毒传染给易感鸡，任何年龄的鸡均可感染，产蛋高峰期的鸡最易受感染，病毒污染过的鸡蛋、水源、饲料、工具及人员等均可成为感染的媒介。

53. 产蛋下降综合征的临床症状有哪些？

通常24~36周龄产蛋鸡产蛋达不到高峰或全群突然产蛋率下降，比正常下降20%~50%。

短期内异常蛋如软壳蛋、无壳蛋、薄壳蛋及畸形蛋等大量增多，蛋壳色泽变淡，表面粗糙，表面有灰白色或灰黄色粉状物等，蛋壳变薄，易碎，破损率高达40%。产蛋下降持续4~10周后逐渐恢复正常，受精率和孵化率不受影响；部分病鸡采食量下降、腹泻、贫血、羽毛蓬乱、精神呆滞等。

54. 产蛋下降综合征的病理变化有哪些？

输卵管水肿或急性卡他性炎症，黏膜出血，卵巢萎缩或出血，子宫黏膜发炎，蛋白如水，蛋黄色淡，蛋黄周围混浊，或蛋白中混有血液。

55. 产蛋下降综合征如何治疗？

疫苗接种是预防本病的关键措施。发病后采用多种氨基酸、维生素、矿物质、干扰素、转移因子、脾脏水解粉/水解液及具有清热解毒、益气健脾、活血祛瘀、补肾强体功效的中药制剂等治疗，建议配合噬菌体、抗菌肽或功能性菌制剂使用。

【处方 1】激蛋散：虎杖 100 g，丹参 80 g，菟丝子、当归、川芎、牡蛎、肉苁蓉各 60 g，地榆、白芍各 50 g，丁香 20 g。

【用法与用量】混饲，鸡每 1 kg 饲料 10 g。

【处方 2】健鸡散：党参、黄芪、茯苓各 20 g，六神曲、麦芽、炒山楂各 10 g，甘草、炒槟榔各 5 g。

【用法与用量】混饲，鸡每 1 kg 饲料 20 g。

【处方 3】降脂增蛋散：刺六加、仙茅、何首乌、当归、艾叶各 50 g，党参、白术各80 g，山楂、六神曲、麦芽各 40 g，松针 200 g。

【用法与用量】混饲，鸡每 1 kg 饲料 5~10 g。

【处方 4】板蓝根当归散：板蓝根、当归、黄连各 60 g，苍术 40 g，金银花 100 g，六神曲 70 g，麦芽 90 g，诃子 20 g。

【主治】清热解毒，湿热内蕴胞宫所致的鸡产蛋机能下降。

【用法与用量】混饲，鸡每 1 kg 饲料 20 g 连用 7 d。

【处方 5】黄连、黄柏、黄芩、金银花、大青叶、板蓝根、黄药子、白药子各 30 g，甘草 50 g。

【用法与用量】将上药加水 5 000 mL 煎汁，加白糖 1 kg，供 500 只鸡 1 次饮服，每天 1 剂，连用 3~5 剂。

【应用】用本方治疗产蛋下降综合征收到满意疗效，可有效恢复产蛋率。

【处方 6】牡蛎 60 g，黄芪 100 g，蒺藜、山药、枸杞子各 30 g，女贞子、菟丝子各 20 g，龙骨、五味子各 15 g。

【用法与用量】共研细末。按日粮的 3%~5% 比例添加，拌匀，再加入 50%~70%的清洁水，拌混后饲喂，每天 2 次，连用 3~5 d 为 1 个疗程。

【应用】用本方治疗产蛋下降综合征效果良好。喂药后给予充足饮水，一般 2 个疗程可治愈。

56. 什么是马立克病？

马立克病（MD）是最常见的一种淋巴组织增生性疾病，以外周神经和包括虹膜、皮肤在内的各种器官和组织的单核性细胞浸润为特征。该病由疱疹病毒引起，传染性强，通常分为4种类型，即神经型、内脏型、眼型和皮肤型，感染鸡的不断排毒和病毒对环境的抵抗力增强是本病不断流行的原因，目前发病率呈上升趋势。

57. 马立克病的流行特点有哪些?

病鸡和带毒鸡是主要传染源，病毒通过直接或间接接触经气源传播，自然宿主是鸡，其他禽很少发生马立克病，肉鸡易感性大于蛋鸡，主要侵害雏鸡，日龄越小感染性越强，一般雏鸡阶段感染，育成期以后发病，发病则主要集中在2~5月龄的鸡。

本病会造成免疫抑制，一般来说发病率和死亡率几乎相等，一旦发病立即淘汰。毒力极强的马立克病病毒的存在致使发病日龄提前，肉鸡、土杂鸡在30~50日龄就可发病，给本病的防控带来了新的问题。

58. 马立克病的临床症状有哪些?

（1）内脏型：病鸡精神委顿，冠苍白，蹲伏，不食，脱水，腹泻，消瘦，甚至昏迷，单侧或双侧肢体麻痹，触摸腹部有坚实的块状感。

（2）神经型：病鸡步态不稳，病初不全麻痹，后期则完全麻痹，蹲伏或一腿前伸另一腿后伸。颈部神经受侵害时，头下垂或头颈歪斜；臂神经受侵害时则翅膀下垂；迷走神经受侵害时，引起失声、呼吸困难和嗉囊扩张。因饥饿、腹泻、脱水、消瘦，衰竭死亡。

（3）皮肤型：病鸡翅膀、颈部、背部、尾上方和腿的皮肤上羽囊肿大，形成米粒至蚕豆大的结节及瘤状物。

（4）眼型：病鸡虹膜色素褪色，由橘红变为灰白色，称为“灰眼病”，瞳孔边缘不整齐，瞳孔缩小，视力丧失。单眼失明的病程较长，衰竭而死。

59. 马立克病的病理变化有哪些?

（1）内脏型：卵巢、肝脏、脾脏、肾脏、心脏、肺脏、虹膜、腺胃、肠及肠系膜等部位形成大小不等、形状不一的灰白色肿瘤结节，肿瘤结节质地较硬，切面呈灰白色。部分病例为弥漫性肿瘤，即无明显的肿瘤结节，但受害器官高度肿大。法氏囊不发生肿瘤，法氏囊和胸腺有不同程度的萎缩。

（2）神经型：最恒定的病理变化是外周神经，以腹腔神经丛、前肠系膜神经丛、臂神经丛、坐骨神经群和内脏大神经最常见。受侵害的神经比正常肿大2~3倍，且呈水煮样，神经上面有小的结节，使同一条神经变得粗细不匀，神经纹消失，神经的颜色也由正常的银白色变为灰白色或灰黄色。

（3）皮肤型：皮肤有大小不等、高低不平的肿瘤结节，有的破溃、坏死等。

（4）眼型：病变与生前所见相同。

60. 马立克病如何防治？

疫苗接种是防治本病的关键，以防止出雏室和育雏室早期感染为中心的综合性防治措施对提高免疫效果和减少损失亦起重要作用，而选择生产性能好的抗病品系鸡是未来防治本病的研究方向，严格执行兽医卫生措施。一旦发病没有任何治疗价值，病鸡应及早淘汰。

61. 什么是禽白血病？

禽白血病（AL）是由禽反转录病毒科禽反转录病毒属成员引起的禽类多种肿瘤性疾病的统称。本病会引起严重的免疫抑制，以淋巴白细胞病最为常见，发病率呈上升趋势，几乎波及所有的商品鸡群，蛋鸡产蛋量及蛋品质下降，一旦感染，没有任何治疗价值，白血病已经给养鸡业造成了严重的经济损失。

62. 禽白血病的流行特点有哪些？

病鸡和带毒鸡是主要传染源，既可以水平传播，又可以垂直传播，感染病毒的种鸡经蛋排毒给鸡胚，使初生雏鸡感染，使其终身带毒，日龄越小越易感，AA鸡和艾维茵鸡易感性高，罗斯鸡、新布罗鸡和京白鸡易感性较低，母鸡比公鸡易感。

自然情况下感染鸡多发生于4~10月龄，常引起免疫抑制，而寄生虫病、维生素缺乏、管理不良等因素都可诱发本病。

63. 禽白血病的临床症状有哪些？

临床中分为淋巴细胞性白血病、成红细胞性白血病、成髓细胞性白血病、骨髓细胞瘤病、骨硬化病等类型，以淋巴细胞性白血病最为普遍。

（1）淋巴细胞性白血病：本病是最常见的一种病型，14周龄以后开始发病，在性成熟期发病率最高。病鸡精神委顿，鸡冠及肉髯苍白、皱缩，偶见发绀，全身衰弱，食欲减退或废绝，腹泻、进行性消瘦和贫血，衰竭死亡。蛋鸡产蛋停止，腹部常明显膨大，用手按压可摸到肿大的肝脏，最终衰竭死亡。

（2）成红细胞性白血病：分为增生型和贫血型，此病比较少见，常发生于6周龄以上的高产鸡。病程从12 d到几个月不等。病鸡消瘦、下痢，冠稍苍白或发绀，全身衰弱，嗜睡。

（3）成髓细胞性白血病：此型很少自然发生。病鸡嗜睡、贫血、消瘦、毛囊出血，病程比成红细胞性白血病长。

（4）骨髓细胞瘤病：此型自然病例极少见。其全身症状与成髓细胞性白血病相似。

（5）骨硬化病：病鸡发育不良、苍白、行走拘谨或跛行，晚期病鸡的骨呈特征性的“长靴样”外观。

（6）其他类型：如血管瘤、肾瘤、肾胚细胞瘤、肝癌和结缔组织瘤等，自然病例均极少见。

64. 禽白血病的病理变化有哪些？

（1）淋巴细胞性白血病：肝脏、脾脏、肾脏、法氏囊、心肌、性腺、骨髓、肠系膜和肺脏等多处有肿瘤结节或弥漫性肿瘤，颜色从灰白色到淡黄白色，大小不一；骨髓褪色呈胶冻样或黄色脂肪浸润。

（2）成红细胞性白血病：贫血型和增生型均为全身性贫血，皮下、肌肉和内脏点状出血。

贫血型：内脏常萎缩，脾脏萎缩最严重，骨髓色淡呈胶冻样。

增生型：肝脏、脾脏、肾脏弥漫性肿大，呈樱桃红色到暗红色，有的剖面有灰白色肿瘤结节。

（3）成髓细胞性白血病：骨髓坚实，呈红灰色至灰色，肝脏及其他内脏可见灰色弥散性肿瘤。

（4）骨髓细胞瘤病：骨髓细胞瘤呈淡黄色，柔软脆弱或呈干酪状，呈弥散或结节状，且多两侧对称。

（5）骨硬化病：骨干或骨干长骨端区有均一或不规则的增厚。

65. 禽白血病如何防治？

本病的控制尚无切实可行的方法，而建立无白血病的种鸡群是控制本病的最有效措施。平时加强饲养管理，对鸡舍孵化设备、种蛋、育雏环境等严格消毒，减少种鸡群的感染率。

据报道采用中药进行试治，具有一定的疗效，建议配合维生素C可溶性粉、转移因子、干扰素等治疗。

【处方】黄芪、猪苓、薏苡仁、当归、淫羊藿、麦冬、丹参、郁金、茵陈、木香、艾叶、瓜蒌各等份。

【用法与用量】粉碎过20目筛，按每只鸡每天1.5 g拌入饲料内喂服。个别减食鸡直接投服，7 d为1个疗程。

【应用】用本方治疗鸡淋巴细胞性白血病，连用2个疗程治愈，8周后产蛋率恢复至64%。为提高产蛋率，又在原方的基础上稍作了调整，重用补中益气类药，连服7 d，产蛋率上升到87%。

66. 什么是鸡传染性贫血？

鸡传染性贫血（CIA）是由传染性贫血病毒（CIAV）引起的以再生障碍性贫血、全身淋巴组织萎缩、皮下和肌肉出血及高死亡率为特征的一种免疫抑制性疾病，曾称为蓝翅病、出血性综合征或贫血性皮炎综合征。CIAV是圆环病毒科圆环病毒属的唯一成员，普遍认为只有一个血清型。

本病主要引起雏鸡的免疫抑制和生长迟缓，易使鸡群对其他病原的易感性增高和使某些疫苗的免疫应答力下降，从而导致免疫失败，尤其是马立克病疫苗的免疫。

67. 鸡传染性贫血的流行特点有哪些？

鸡是唯一的自然宿主，各日龄的鸡都易感，主要发生在2~4周龄的雏鸡，其中1~7日龄雏鸡最易感。本病多为垂直感染，也可水平传播，但水平传播临诊症状不显著。

本病发病率在20%~60%，残废率为5%~10%，传染性法氏囊病病毒、马立克病病毒、网状内皮组织增生症病毒及其他免疫抑制药物均可增强本病的传染性，降低母源抗体的抵抗力，从而增加鸡的发病率和病死率。

68. 鸡传染性贫血的临床症状有那些？

贫血是典型的临床特征。病鸡精神沉郁，皮肤苍白，喙、肉髯和可视黏膜苍白，发育迟缓，消瘦，翅膀皮炎或蓝翅，全身点状出血，可能因继发坏疽性皮炎，2~3 d后开始死亡，濒死鸡腹泻。

69. 鸡传染性贫血的病理变化有哪些？

骨髓萎缩是传染性贫血最典型的病理特征。大腿骨的骨髓呈淡黄色或淡红色或脂肪色。胸腺萎缩、充血，严重时胸腺完全退化。法氏囊萎缩，呈半透明状，重量变轻，体积变小。

病情严重时，肝脏肿大、质脆，有时黄染或有坏死灶；脾脏、肾脏肿大；骨骼肌、腺胃黏膜、心肌和皮下出血等。

70. 鸡传染性贫血如何防治？

本病目前没有特异性治疗方法。一旦感染，采用抗微生物药控制细菌的继发感染，配合转移因子、干扰素、脾脏水解粉/水解液、促肝细胞生长素及补气血的中药使用等。对于商品鸡，平时加强卫生防疫，严防各种传染病导致的免疫抑制，加强对种鸡的检疫，淘汰感染鸡，特别是进鸡时，应做 CIAV 抗体检测，严格控制感染本病的鸡进入鸡场。

71. 什么是鸡病毒性关节炎？

鸡病毒性关节炎（AVAS）是由禽呼肠孤病毒（ARV）引起鸡的以关节炎和腱滑膜炎为特征的急性、病毒性传染病，又名传染性腱鞘炎、腱滑膜炎等。呼肠孤病毒科正呼肠孤病毒属的禽呼肠孤病毒与其他动物的呼肠孤病毒在形态方面基本相同，除引起关节炎、腱鞘炎之外，还可引起生长迟缓、心包炎、心肌炎、心包积水、肠炎、肝炎、法氏囊和胸腺萎缩、骨质疏松及急性和慢性呼吸道疾病。

本病主要发生于肉仔鸡，蛋鸡也可发病，以运动障碍导致生长迟缓，产蛋率下降，淘汰率增加为特征。

72. 鸡病毒性关节炎的流行特点有哪些？

病鸡和带毒鸡是主要传染源，经呼吸道和消化道感染，也可垂直传播（经种蛋感染），鸡和火鸡是本病的宿主，各种日龄的鸡均可感染，肉鸡最易感，鸟类也可感染。各日龄的鸡均可发病，4~6 周龄鸡多发，肉鸡发病率高、病死率高。

某些疾病如球虫病、传染性法氏囊病等感染时可增强呼肠孤病毒的致病性，而呼肠孤病毒也可加重鸡传染性贫血病毒、大肠杆菌和新城疫病毒等其他病原体引起的疾病。

73. 鸡病毒性关节炎的临床症状有哪些？

本病分为腱鞘炎型和败血型两种类型。

（1）腱鞘炎型：以关节炎、腱鞘炎为特征。急性发病鸡单侧或双侧跖、跗关节肿胀。慢性发病鸡跖骨歪曲，趾向后屈曲，步态不稳，跛行或单侧跳跃，不愿走动，喜坐在关节上，导致顽固性跛行，终因运动障碍，缺乏营养和水分，陆续衰竭死亡。

（2）败血型：病鸡精神委顿，全身发绀、脱水，鸡冠齿端软而下垂，呈紫色；产蛋鸡感染后，产蛋率下降10%～20%。

74. 鸡病毒性关节炎的病理变化有哪些？

急性病例：跗关节周围肿胀，关节上部腓肠肌腱水肿，趾屈腱和腓肠肌腱周围水肿，关节腔有混浊的渗出液或充满淡红色透明黏液。

慢性病例：腓肠肌腱增厚、硬化、纤维化或关节周围组织与滑膜脱离，易发生腓肠肌腱断裂，因肌腱断裂，局部组织呈明显的血液浸润，关节腔中淡红色关节液增加或关节腔内渗出物较少，关节软骨糜烂，滑膜出血、坏死等。

75. 鸡病毒性关节炎如何防治？

本病尚无有效的治疗方法，免疫接种是预防本病的主要手段，平时加强饲养管理，降低养殖密度，定期消毒等可降低发病率。若发现病情，可将病鸡集中隔离饲养，症状严重的及时淘汰，以免扩大感染面，同时采用抗微生物药饮水或拌料控制细菌继发感染，配合维生素C可溶性粉、转移因子、干扰素、脾脏水解粉/水解液及板青颗粒等抗病毒中药使用等。

76. 什么是禽脑脊髓炎？

禽脑脊髓炎（AE）是由禽脑脊髓炎病毒（AEV）引起的一种地方流行性传染病，又名流行性震颤。幼禽以腿软无力、运动失调和头颈部震颤为特征，成年禽感染后通常没有明显症状，发病率极低。

77. 禽脑脊髓炎的流行特点有哪些？

病鸡和带毒鸡是传染源，垂直传播是主要传播方式，感染母鸡可通过种蛋传播，部分在孵化过程中死亡，出壳雏鸡可在1～20日龄内死亡，被病毒污染的饲料、饮水、器械、垫料、孵化器等均可成为传播的来源，经消化道传播，鸡、雉、鹌鹑、火鸡和珍珠鸡等禽类可自然感染，鸡最易感，垫料等污染物是主要传播媒介。

经垂直传播的雏鸡潜伏期 1～7 d，水平传播的潜伏期 12～30 d，若出壳前鸡胚阶段感染，则出壳后发病，一般 1～3 周龄雏鸡多发，发病率一般为 60%～80%，病死率为 30%～60%，火鸡也感染但症状不明显，蛋鸡产蛋率下降，畸形蛋、小蛋增多等。

78. 禽脑脊髓炎的临床症状有哪些？

雏鸡以共济失调、两腿麻痹和头颈部震颤为特征。

病初精神沉郁，目光呆滞，步态不稳，趾向外侧弯曲，拍打翅膀或以跗关节着地向前移动，随后倒地侧卧，震颤明显，受惊吓或人工刺激时可激发震颤，严重时伴有衰弱的呻吟，终因饮食受困，衰竭死亡。

蛋鸡感染多无明显的症状，产蛋率暂时性下降（5%～10%），但不出现神经症状。

79. 禽脑脊髓炎的病理变化有哪些？

腺胃、肌胃的肌层及胰腺中有许多淋巴细胞团块浸润所形成的白色小灶，比针尖略大；脑膜充血、出血，小脑软化出血、水肿、积液等。

80. 禽脑脊髓炎如何防治？

鸡脑脊髓炎弱毒苗和灭活苗接种是预防的最佳手段。目前本病尚无有效的治疗方法，发病后按照降低颅内压，标本兼治，清热解毒，防止继发感染的原则进行治疗，如碳酸氢钠饮水降低颅内压；维生素 C、维生素 E、维生素 K_3减少细胞渗出、止血；转移因子、干扰素、脾脏水解粉/水解液等饮水抑制病毒复制，抗微生物药控制细菌继发感染，采用清热解毒中药方剂煎煮后饮水，如鱼腥草、板蓝根、穿心莲叶各 9 g，剂量 0.5～3.0 g/只。

81. 什么是鸭瘟？

鸭瘟（DP）是由鸭瘟病毒（DPV）引起鸭、鹅和天鹅等雁行目禽类的一种急性、热性、败血性、接触性传染病，以虚弱、口渴、腹泻为临床特征，以血管损伤、组织出血、消化道黏膜疹性损害、淋巴器官损害及实质性器官退行性病变为病理特征。鸭瘟又名鸭病毒性肠炎，俗称“大头瘟”，本病传播迅速，发病率和死亡率均高，通常在90%以上。

鸭瘟病毒属疱疹病毒科 α 疱疹病毒亚科，该病毒具有广泛的组织嗜性，广泛存在于鸭体的各器官、血液、分泌物及排泄物中，尤其在法氏囊、脾脏、肝脏、脑、食道、泄殖腔、肺脏含毒量最高。该病毒只有一个血清型，毒株间的毒力不同，但免疫原性相似。

目前发病呈上升趋势，地方流行性。

82. 鸭瘟的流行特点有哪些？

病鸭或带毒鸭是主要传染源，以消化道传播为主，也可经过交配、眼结膜、呼吸道和蚊虫叮咬传播，水禽中鸭易感性最高，不同品种、不同日龄鸭都可感染，但以麻鸭、番鸭、绵鸭易感性最高，北京鸭次之。30日龄以内的鸭发病较少，蛋鸭发病严重，鹅、天鹅及迁徙水禽也可感染发病，被病鸭和带毒鸭的排泄物污染过的水源、鸭舍、用具、饲料等是本病传播的主要媒介，某些野生水禽感染病毒后可成为传播本病的自然疫源和媒介，节肢动物也可能是本病的传染媒介。

本病四季均可发生，以春、秋季较为严重，蛋鸭发病呈上升趋势，造成产蛋率下降。当鸭瘟传入易感鸭群后，一般3~7 d后零星发病，3~5 d后大批病鸭陆续死亡，接着进入流行发展期和流行盛期，整个流行过程一般为2~6周，如果鸭群中有免疫鸭或耐过鸭时，可延至2~3个月或更长。

本病极易和禽霍乱、传染性浆膜炎等并发或继发，死亡率更高。

83. 鸭瘟的临床症状有哪些?

自然感染的潜伏期为 3~5 d，人工感染的潜伏期为 2~4 d。

流泪和头颈部水肿是鸭瘟特征性临诊症状。病初体温升高达 43 ℃以上，稽留热，食欲明显下降，甚至停食，渴欲增加。病鸭精神委顿，头颈缩起，羽毛松乱，翅膀下垂，两脚麻痹无力，不愿行走；鼻孔流出稀薄或黏稠的分泌物，呼吸困难，发生鼻塞音，叫声嘶哑，部分病鸭频频咳嗽。排绿色或灰白色稀粪，肛门周围的羽毛被沾污或结块，肛门肿胀，严重者外翻。眼有分泌物，初期为浆液性分泌物，后变黏稠或脓样；眼睑周围羽毛被分泌物黏湿，造成上下眼睑粘连、水肿，甚至外翻，眼结膜水肿、充血、出血，或被少许干酪样物覆盖。

部分病鸭头和颈部发生不同程度的肿胀，触之有波动感，俗称“大头瘟”。

因鹅的鸭瘟临床症状与鸭瘟相似，诊断时可参考鸭瘟的临床症状。

84. 鸭瘟的病理变化有哪些?

典型的病理特征是消化道黏膜及实质器官的出血和坏死。

眼结膜水肿、充血、出血或有少许干酪样物覆盖。

体表皮肤有许多散在出血斑，头、颈部皮肤肿胀部位切开后流出淡黄色的透明液体。

食道黏膜有纵行排列呈条纹状的黄色假膜覆盖或有出血斑点，假膜易剥离，剥离后留下溃疡斑痕；食道膨大部分与腺胃交界处有一条灰黄色坏死带或出血带，肌胃角质膜下层充血和出血。

肠黏膜充血、出血、坏死或溃疡，以直肠和十二指肠最为严重。肠道的淋巴集合组织形成“纽扣状”坏死灶，病灶往往穿透黏膜下层和肌层，到达浆膜下层，致使肠管外观可见 3~4 个呈环状的深红色病灶，后期转为深棕色，与黏膜分界明显。

泄殖腔黏膜覆盖一层灰褐色或绿色的坏死结痂，不易剥离，黏膜水肿并有出血斑点。

肝表面和切面上有大小不等的灰黄色或灰白色的坏死点，少数坏死点中间有小出血点。

心外膜和心内膜上有出血斑点，心腔内充满凝固不良的暗红色血液。

脾脏大小正常或变小，颜色变深呈花斑样；胸腺有多灶性出血，表面和切面有黄色病灶区，严重萎缩；感染前期法氏囊充血、出血，有针尖样黄色小斑点，后期囊壁变薄，囊腔中充满白色凝固性的渗出物。

喉头及气管充血、出血，内有黏性分泌物，肌肉及脂肪等处出血；胆囊肿大，充满黏稠的墨绿色胆汁。

卵泡充血、出血、萎缩、变形、变色，因卵泡破裂落入腹腔后形成卵黄性腹膜炎。

因鹅的鸭瘟病理变化与鸭瘟相似，诊断时可参照鸭瘟的病理变化。

85. 鸭瘟如何治疗？

疫苗接种是预防本病的关键措施，发病后要按国家防疫条例上报疫情，划定疫区范围，并进行严格的封锁、隔离、焚尸、消毒等工作。对疫区健康鸭群和尚未发病的假定健康鸭群，立即接种疫苗。

发病后通常采用综合方案对症对因治疗。

（1）抗微生物药饮水或拌料，控制细菌的继发感染。配合卡巴匹林钙可溶性粉和维生素 C 可溶性粉等，缓解病毒引起的高热症，转移因子、干扰素、脾脏水解粉/水解液等饮水抑制病毒复制等。

（2）注射高免血清、高免卵黄抗体：皮下或肌内注射鸭瘟高免血清 1 mL/只。皮下或肌内注射抗鸭瘟高免卵黄 2 mL/只。

（3）选择清瘟败毒、凉血消斑、燥湿止痢的中药制剂治疗。

【处方 1】清瘟败毒散：石膏 120 g，地黄、栀子、知母、连翘各 30 g，水牛角 60 g，黄连、牡丹皮各 20 g，黄芩、赤芍、玄参、桔梗、淡竹叶各 25 g，甘草 15 g。

【用法与用量】禽 1～3 g/只。

【处方 2】黄芩 80 g，黄柏、茵陈各 45 g，黄连须 50 g，大黄、车前草、陈皮各 20 g，二花藤、白头翁、龙胆草各 100 g，板蓝根 90 g，甘草 10 g。

【用法与用量】浓煎，取汁液和药渣拌料喂服 100 只病鸭，连喂 2 d。

【处方 3】黄柏、姜黄、玄明粉、皂角刺、黄芩各 15 g，淡竹叶、甘草各 20 g，矮桃、水杨柳各 30 g。

【用法与用量】水煎取汁，供 20 只鸭一次灌服。

【处方 4】柴胡、苍术、黄芩、大黄、栀子、明雄各 6 g，薄荷 8 g，辛夷、细辛、甘草各 4 g，牙皂、樟脑各 3 g。

【用法与用量】水煎取汁，每天 2 次，成鹅每次 5～8 mL，中鹅 3～5 mL，雏鹅 7 日龄以内 3～5 滴。1 剂可供 100 只雏鹅，或 40 只中鹅，或 10～20 只成鹅 1 d 使用。

【应用】用本方治疗鹅感染鸭瘟，一般连用 3～5 d 即可痊愈。

【处方 5】石翘散：生石膏、水牛角各 12 g，知母、生地黄、牡丹皮、板蓝根、竹叶各9 g，甘草、连翘各 7 g，大青叶 11 g，黄连、金银花各 6 g，人参叶5 g（河南省现代中兽医研究院研制）。

【功效】清热解毒，凉血。

【主治】热毒上冲，头面、腮颊肿胀，发斑，高热神昏等症。

【用法与用量】禽 0. 25～1. 5 mL/只，每天 1 次，连用 3～5 d。病情严重时加倍使用。

86. 什么是鸭病毒性肝炎?

鸭病毒性肝炎（DVH）是鸭肝炎病毒（DHV）引起幼龄雏鸭的一种急性、高度致死性传染病，俗称“背脖病”。本病发病急、传播迅速、病程短和病死率高，以角弓反张、肝脏肿大、有出血性斑点为主要特征。我国流行的病毒性肝炎主要是基因 A 型和 C 型引起的，发病率和死亡率均呈上升趋势，给养鸭业带来严重的经济损失。

鸭肝炎病毒有三个血清型，即 1 型、2 型、3 型，三种血清型之间无抗原相关性，无交叉保护作用。1型鸭肝炎病毒目前分为3个基因型（即DHAV-A、DHAV-B、DHAV-C），3种基因型之间无交叉保护作用。DHAV-A在多数养鸭的国家都有发生，主要发生于1~4周龄雏鸭，病死率50%~90%；DHAV-B发生于我国台湾地区；DHAV-C主要流行于我国和朝鲜半岛。DHAV-B和DHAV-C感染又称为“新型鸭病毒性肝炎”。

血清2型鸭肝炎病毒目前只感染鸭，发生于2~6周龄雏鸭，病死率25%~50%。血清3型鸭肝炎病毒感染发生于2周龄内的雏鸭，病死率不超过30%。

87. 鸭病毒性肝炎的流行特点有哪些？

病鸭、带毒鸭、隐性感染鸭及康复鸭是本病的传染源，主要经接触传播，经呼吸道也可感染，无垂直传播，如与病鸭的直接接触感染，也可通过被病鸭的粪便污染过的食具、饮水及饲料等水平传播，4~8日龄雏鸭最易感。

本病四季均可发生，雏鸭的发病率与病死率均很高，与日龄有关，3周龄以内的雏鸭多发，1~3日龄的雏鸭可发病，发病率呈上升趋势，剖检可见典型的肝炎特征；发病日龄有逐渐增大的趋势，成年鸭呈隐性感染。1周龄内的雏鸭病死率可达95%，1~3周龄的雏鸭病死率为50%或稍低，4~5周龄的小鸭发病率与病死率较低。

饲养管理不良、维生素和矿物质缺乏、鸭舍潮湿拥挤及卫生条件差等因素均可促使本病发生与流行。本病多与鸭瘟、细小病毒病、禽霍乱、沙门菌病、大肠杆菌病、传染性浆膜炎、曲霉菌病等混合感染，造成死亡率增加。

88. 鸭病毒性肝炎的临床症状有哪些？

本病的潜伏期一般为1~2 d，发病后的第2~3天达到死亡高峰。

雏鸭发病初期精神萎靡，羽毛松乱，缩颈呆立，眼半闭呈昏睡状，食欲缺乏至厌食、绝食；排黄白色和绿色粪便；部分雏鸭不见任何症状便突然死亡。

病鸭发病 12~24 h 即出现神经症状，病鸭多侧卧，全身性抽搐，运动失调，转圈，两脚痉挛性地反复踢蹬，头向后仰呈角弓反张状（俗称“背脖病”），数小时后死亡，死前可出现尖叫声。

89. 鸭病毒性肝炎的病理变化有哪些？

本病特征性病变在肝脏，肝脏肿大，质脆，色暗或发黄，有大小不等的出血斑点。喙端和爪尖瘀血呈暗紫色；胆囊肿大呈长卵圆形，胆汁充盈，呈褐色、草绿色或淡茶色；脾脏有时肿大，呈斑驳状；肾脏充血、肿胀，血管明显呈暗紫色树枝状；胸肌、腿肌有出血点或出血斑；心肌如煮熟状，心包积液，心包炎，气囊中有微黄渗出液或纤维素性絮片等。

90. 鸭病毒性肝炎如何治疗？

发病后立即隔离治疗，脾脏水解粉/水解液、干扰素、转移因子、促肝细胞生长素等饮水抑制病毒复制，也可添加多种维生素电解质配合饮用，并采用以下治疗方案：

（1）肌内注射生物制品：康复鸭血清 0.5~1.0 mL/只；高免鸭血清 0.5~1.0 mL/只；高免卵黄抗体 1.0~1.5 mL/只。

治疗时配合头孢噻呋钠、硫酸头孢喹诺等抗生素，可控制细菌继发感染，降低死亡率。

（2）抗微生物药饮水或拌料，控制细菌的继发感染。

（3）选择清热解毒、疏肝利胆的中药辅助治疗。

【处方 1】茵栀解毒颗粒：茵陈 360 g，栀子、黄芩各 180 g，虎杖、钩藤各 200 g。

【用法与用量】混饮，雏鸭每天 0.48~0.96 g，连用 2~3 d。

【处方 2】板翘合剂：板蓝根 250 g，大青叶 300 g，拳参 200 g，连翘 150 g，柴胡 100 g。

【用法与用量】混饮或灌服，每只每天 0.5~1 mL，连用 3~5 d。

【处方 3】荆芥、连翘、山楂、茯苓、六神曲各 45 g，防风、柴胡、枳壳、桔梗各 30 g，羌活、独活、前胡、川芎各 25 g，甘草、薄荷各15 g。

【用法与用量】煎汁，供300~600只鸭饮服。

【处方4】茵陈、板蓝根、金钱草、大青叶、金银花、连翘、龙胆草、黄芩、甘草各20 g。

【用法与用量】煎汤，供100只雏鸭自饮。

【处方5】黄芩、黄柏、黄连、连翘、金银花、紫金牛、茵陈、乌梅、枳壳、甘草各50 g。

【用法与用量】煎汤，供200只鸭拌料喂服，不食者滴服。

【处方6】茵陈、板蓝根、山栀子、香附、连翘、菊花各30 g，龙胆草、茯苓、薏苡仁各20 g，甘草10 g。

【用法与用量】煎汁，供100只鸭饮服，每天1剂，连服3剂。

【处方7】黄柏200 g，茵陈150 g，金银花、柴胡各100 g，栀子、鱼腥草、板蓝根、龙胆草、桑皮、救必应各90 g。

【用法与用量】加水5 kg煮成2 kg，药液倒出备用，再加水3 kg煮成2 kg，两次煎药液混合，加入黄糖1 kg，供600~700只雏鸭自由饮服。饮服前停水1 h，病重的每只灌服3~5 mL。每天2次，连服5 d。预防，用上述中药打粉按0.5%~1.0%的比例拌料喂雏鸭。

【应用】用本方5 d后，死亡雏鸭明显减少，鸭群精神状态明显好转，吃料明显增加，继续服药4 d以巩固疗效。

【处方8】茵陈、神曲各50 g，龙胆草、黄芩、黄连、黄芪、板蓝根、柴胡苗、甘草各20 g，陈皮30 g。

【用法与用量】煎汁，供100只鸭1 d自由饮服，病重鸭用注射器或滴管喂服，连用3 d，或粉碎拌料饲喂，连喂3 d。

【应用】用本方治疗鸭病毒性肝炎，与高免血清的疗效无明显差异（$P>0.05$）。通过600多例临床应用证实疗效稳定，使用方便，是治疗雏鸭病毒性肝炎的一种行之有效的方法。

【处方9】鱼腥草、板蓝根、龙胆草、桑白皮、救必应各300 g，茵陈100 g，黄柏150 g，甘草50 g。

【用法与用量】煎汁，500 mL，雏鸭5 mL/只，每天2次。

【处方10】板蓝根、金银花、龙胆草、柴胡、茵陈各100 g，黄柏、黄芩、栀子各 75 g，黄连、枳实、神曲、菊花、防风、荆芥、甘草各 50 g。

【用法与用量】煮水，供 500 只 17 日龄雏鸭全天饮服，每天 1 剂，连服 5~7 d。

【应用】在饮水中加入恩诺沙星，用于鸭病毒性肝炎和大肠杆菌病混合感染。

【处方 11】加减茯白散：板蓝根 15~25 g，白芍 10~20 g，茵陈 20~30 g，龙胆草 10~15 g，党参 7.5~15 g，茯苓 7.5~15 g，黄芩 10~20 g，苦参 10~20 g，甘草 10~30 g，车前草 10~30 g，金钱草 15~45 g（河南省现代中兽医研究院研制）。

【应用】对多因素如脂肪肝综合征、包涵体肝炎、心包积液综合征、鸭病毒性肝炎、肝炎-脾肿大综合征、鸭呼肠孤病毒病、弧菌性肝炎等引起的肝脏肿大等症具有治疗或缓解功效。

【用法与用量】0.5~2.0 mL/只，每天 1 次，连用5~7 d。

91. 什么是番鸭细小病毒病？

番鸭细小病毒病（MDP）又称“三周病”，是由番鸭细小病毒（MDPV）感染雏番鸭以腹泻、喘气和软脚为主要特征的疫病，病理特征主要为消化道黏膜充血、出血，肠管内有类似“小鹅瘟”的“腊肠粪”，胰脏呈点状坏死。

MDPV 属于细小病毒科依赖细小病毒属，生物学特性与鹅细小病毒（GPV）相似。国际病毒分类委员会（ICTV）2013 年将番鸭细小病毒病与鹅细小病毒病合并统称为雁形目依赖细小病毒 1 型，目前该病毒只有一个血清型，与 GPV 存在部分共同抗原，共同抗原主要存在 VP3 蛋白上，差异性抗原主要存在 VP1、VP2 蛋白上，通过交叉中和试验可以把 MDPV 和 GPV 区分开来。

本病主要侵害 1~3 周龄的雏番鸭，具有高度传染性，发病率和死亡率高，常引起雏番鸭的大批死亡，已成为危害番鸭的主要传染病之一。

92. 番鸭细小病毒病的流行特点有哪些?

番鸭细小病毒病经呼吸道和消化道水平传播，也可经蛋垂直传播，病死的雏番鸭和健康带毒番鸭是主要传染源，3周龄以内的雏番鸭最易感，被病鸭排泄物及分泌物污染过的饲料、饮水、用具、人员、种蛋、孵化室及周围环境都是本病的传播媒介，只引起雏番鸭发病，雏半番鸭及其他禽类不发病；成年番鸭隐性带毒但不发病。

本病无明显季节性，发病率和死亡率与日龄密切相关，日龄越小发病率和死亡率越高，3~21日龄的雏番鸭多发，最早3日龄开始发病，一般7 d开始发病，10~18日龄达发病高峰，20日龄以上很少发病，常与鸭病毒性肝炎混合感染。目前发病日龄有增大的趋向，30~40日龄番鸭也有发病。

针对“大舌症”的病鸭进行病原检测，可检测到细小病毒；番鸭若出现尾部着地、精神呆滞、离群独处等症1~2 d后，类似症状病鸭逐渐增多，3 d后病鸭则出现细小病毒病典型特征，这一点对于临床诊断有重要意义。

93. 番鸭细小病毒病的临床症状有哪些?

本病潜伏期为4~9 d，病程2~7 d，病程长短与发病日龄密切相关，临床分为最急性型、急性型、亚急性型。

（1）最急性型：出壳后6 d内的雏番鸭多见，传播迅速，病程较短，几小时波及全群。部分病鸭精神差，羽毛松乱。多数病鸭突然衰竭死亡，死前两脚游泳状划动，头颈向一侧扭曲。

（2）急性型：多发生于7~21日龄的雏番鸭。发病初期，病鸭精神沉郁，离群独处，羽毛蓬松，两翅下垂，尾端向下弯曲着地，怕冷，食欲缺乏或废绝，两脚发软；发病中期，病鸭腹泻，拉黄绿色、灰白色或白色稀粪，甚至水便，或混有絮状物，肛门附近羽毛被粪便污染；发病后期，鼻孔流出浆液性分泌物，并出现流泪、张口伸颈、喘气等症状。

病鸭因上下喙变短，鸭舌外翻（俗称“大舌症”），部分鸭喙端、蹼间及脚趾间有不同程度的发绀，死前出现两脚麻痹、倒地抽搐、侧卧、角弓反张等症状，最后衰竭死亡。

（3）亚急性型：多数由急性型转化而来。病鸭精神委顿，喜欢蹲伏，行动缓慢，两脚无力，排黄绿色或灰白色稀粪，并黏附于肛门周围羽毛。

94. 番鸭细小病毒病的病理变化有哪些？

本病以消化道黏膜充血、出血，肠管内形成类似“小鹅瘟”的“腊肠粪”和胰脏呈点状坏死为典型特征。

肠道呈急性卡他性炎症，肠黏膜出现不同程度的充血和点状出血。十二指肠、空肠和直肠后段的黏膜充血、出血，肠黏膜有不同程度的脱落，肠壁菲薄，空肠和回肠交界处附近或回肠前段的肠管膨大；切开膨大处肠管，管内有灰白色或黄白色干酪样物的栓子状肠芯，类似“小鹅瘟”的“腊肠粪”。

胰腺呈灰白色，在其背、腹及中间三叶的表面均有散在性、数量不等、针尖大小的白色坏死灶，部分病鸭胰腺肿大，尤其背叶肿大明显，表面有针尖大小的出血点。

心脏呈灰白色，质软如煮熟样，部分病例可见心包积聚淡黄色的液体；肝脏肿大，呈暗红色或灰黄色；胆囊肿胀；脾脏微肿，部分病例可见表面和切面有少量针尖大的灰白色坏点；肾脏呈暗红色或灰白色煮熟样；肺脏瘀血，微肿，切面有暗红色泡沫状血液流出；脑呈苍白色，部分可见脑膜充血，表面有小出血点散在。

95. 番鸭细小病毒病如何治疗？

免疫接种是控制本病的有效方法，发病后可采取以下治疗方案：

（1）高免卵黄抗体或高免血清肌内注射，1~2 mL/只。病情严重时，肌内注射银黄注射液或板蓝根注射液，1 mL/只，每天 2 次，连用 3 d。

（2）全群采用抗微生物药饮水或拌料，配合维生素 C 可溶性粉、中药制剂及转移因子、干扰素、脾脏水解粉/水解液等饮水治疗。

【处方1】板蓝根、黄连、黄芩各800 g，白头翁、黄柏、栀子、穿心莲各500 g，金银花、地榆、甘草各200 g。

【用法与用量】每剂两次煎汁70~80 kg，浓缩药液至40~50 kg，供1 500只3周龄番鸭自由饮用，每天1剂。服药期间适当减少供水量，重症不能自饮的病鸭用注射器灌服，每只番鸭3~5 mL，7~8 h喂1次。3 d后痊愈。

【处方2】板蓝根、连翘、蒲公英、茵陈、荆芥、防风各120 g，陈皮、桂枝、金银花、蛇床子、甘草各100 g。

【用法与用量】加水适量，用文火煎沸10 min，过滤去渣。然后加清水和适量红糖供1 200只鸭冲服。用药前鸭群停水2 h，每天1剂，每剂上、下午各煎1次（药渣拌料），连用3 d。

【应用】用本方治疗用药3 d后，病情缓解，发病率逐渐降低；5 d后，雏番鸭群基本恢复正常。如在中药汁中加入一定量的抗菌药物，防止其他细菌性病原微生物的继发感染，效果更好。

【处方3】石翘散：生石膏、水牛角各12 g，知母、生地黄、牡丹皮、板蓝根、竹叶各9 g，甘草、连翘各7 g，大青叶11 g，黄连、金银花各6 g，人参叶5 g（河南省现代中兽医研究院研制）。

【功效】清热解毒，凉血。

【主治】热毒上冲，头面、腮颊肿胀，发斑，高热神昏等症。

【用法与用量】禽0.25~1.5 mL/只，每天1次，连用3~5 d。病情严重时加倍使用。

96. 什么是鸭坦布苏病毒病？

鸭坦布苏病毒病（DTMUVD）是由鸭坦布苏病毒（DTMUV）引起的鸭的一种传染病，本病主要特征为产蛋量骤然大幅下降、共济失调和出血性卵巢炎。曾称为鸭产蛋下降综合征、鸭出血性卵巢炎、鸭黄病毒感染、鸭病毒性脑炎等，2011年中国畜牧兽医学会第一届水禽疫病防控研讨会将其名称统一为“鸭坦布苏病毒病”。

目前该病在我国绝大部分养鸭地区流行，已经成为危害水禽养殖的主要疫病。

97. 鸭坦布苏病毒病的流行特点有哪些？

鸭坦布苏病毒病发病率高、传播速度快，各种日龄的鸭、鹅均易感，尤其是产蛋鸭和10~25日龄雏鸭最易感，主要危害蛋鸭，目前肉鸭和鹅也出现大规模感染，野鸟和其他禽类亦可能被感染，或携带病毒成为传染源。可经过多种途径传播，以水平传播为主，也可经卵垂直传播，被病毒污染的饲料、饮水、种蛋、运输工具、人员流动等都可能成为传播的媒介，虫媒在本病的传播上起重要作用，但不是主要的传播媒介。

本病四季均可发生，夏季发生率高于其他季节，发病率高（几近100%），死亡率较低，多数在15%以下，发病率和死亡率多与发病季节、养殖场的管理和继发感染有关，部分养殖场的青年鸭和雏鸭发病后，死亡率可达20%左右。

本病在1~2 d内能感染鸭场的所有鸭，一般1周左右即可感染一个养殖小区的所有鸭群。一户养鸭一旦发病，随后以此为中心，快速向周边区域扩散，数天内即可传播至周边区域，特别是鸭棚密集区传播更迅速，发病更严重。

98. 鸭坦布苏病毒病的临床症状有哪些？

突然发病、传播迅速，感染鸭出现体温升高、精神萎靡、排绿色稀便等症状，采食量突然大幅下降，饮水量增加，后期出现明显的瘫痪、行走不稳、共济失调为主的神经症状，终因采食困难衰竭而死。

蛋鸭产蛋量大幅下降，产蛋率从高峰期的90%~95%下降至5%~10%，甚至完全停产，发病率高达100%，种蛋受精率降低，死亡率因有无继发感染、养殖环境等而不同。

99. 鸭坦布苏病毒病的病理变化有哪些？

产蛋鸭特征性病变在于卵巢，初期可见部分卵泡充血、出血，中后期卵泡严重出血和破裂、变性和萎缩，输卵管内有黏液，卵泡破裂后进入腹腔形成卵黄性腹膜炎。

心脏冠状脂肪弥漫性出血，心肌苍白，有白色条纹状坏死；肝脏黄染、肿大、出血、瘀血，肝脏表面有针尖状白色点状坏死；脾脏早期肿大，后期萎缩，色泽变黑；肺脏出血、水肿，呈深红色或紫黑色；肾脏肿胀，有尿酸盐沉积；脑膜出血，组织水肿，呈弥散样、分支状出血；整个肠道黏膜弥漫性出血。

100. 鸭坦布苏病毒病如何治疗?

抗微生物药饮水或拌料，配合干扰素、脾脏水解粉/水解液、转移因子、促肝细胞生长素、维生素 C 可溶性粉等及具有清热解毒、凉血的中药制剂治疗有效。

【处方 1】清瘟败毒散：石膏 120 g，地黄、栀子、知母、连翘各 30 g，水牛角 60 g，黄连、牡丹皮各 20 g，黄芩、赤芍、玄参、桔梗、淡竹叶各 25 g，甘草 15 g。

【用法与用量】禽 1~3 g/只。

【处方 2】石翘散：生石膏、水牛角各 12 g，知母、生地黄、牡丹皮、板蓝根、竹叶各9 g，甘草、连翘各 7 g，大青叶 11 g，黄连、金银花各 6 g，人参叶 5 g（河南省现代中兽医研究院研制）。

【功效】清热解毒，凉血。

【主治】热毒上冲，头面、腮颊肿胀，发斑，高热神昏等症。

【用法与用量】0. 25~1. 5 mL/只，每天 1 次，连用 3~5 d。病情严重时加倍使用。肝脏病变严重时配合茯白散使用。

101. 什么是鸭出血症?

鸭出血症（DHD）是由鸭 2 型疱疹病毒引起的一种传染病，又名 2 型疱疹病毒病、鸭黑羽病、鸭乌管病、鸭紫喙黑足病。各品种、各日龄鸭均可发病，以双翅羽毛管瘀血呈紫黑色、断裂、脱落及脏器（肝脏、胰腺、脾脏、肾脏等）和肠道（十二指肠、直肠、盲肠）出血为特征，目前很少发病。

102. 鸭出血症的流行特点有哪些?

本病主要通过污染的水源传播，易感鸭主要通过消化道而感染，可通过口服、肌内注射、静脉注射等途径传染，种鸭群可能存在垂直传播，被病毒污染的水源、病鸭和病愈鸭是主要传染源，各种日龄均可感染发病，10~55 日龄番鸭最易感。

本病四季均可发病，潜伏期 4~6 d，发病率、病死率与发病鸭日龄密切相关，一般来说日龄越小，发病率越高，死亡率越高，有时高达 80%，35 日龄以上单一感染本病的鸭群，随着日龄的增长，日死亡率在 2%以内。

103. 鸭出血症的临床症状有哪些?

雏鸭和青年鸭多呈急性经过，发病 2~3 d 后死亡。

病鸭体温升高，精神沉郁，采食量下降，排白色或绿色稀粪，扭头、低颈，死前呈角弓反张状；口、鼻流黄色液体，喙前端和口部周围等羽毛被黄色液体染黄，喙端、爪尖、足蹼末梢周边发绀呈紫黑色；双翅羽毛管内瘀血，外观呈紫黑色，羽毛管易断裂、脱落，切开断裂羽毛，管内流出暗红色血液。

104. 鸭出血症的病理变化有哪些?

特征性病理变化为双翅羽毛管内出血及组织脏器出血或瘀血。

肝脏稍肿大，呈树枝样出血或瘀血，白色坏死点散在肝脏表面；胰腺有出血点或出血斑，或胰腺因出血呈红色；脾脏出血，表面因有出血斑点或细条状出血而呈花斑样；小肠、直肠及盲肠黏膜充血、出血，有时可见出血环；肾脏、脑壳内壁、法氏囊、舌根部、喉头及气管黏膜等处出血或瘀血。

105. 鸭出血症如何治疗?

疫苗接种或注射鸭出血症高免卵黄抗体是预防本病的重要措施，发病后可采用以下方案治疗：

（1）鸭出血症高免蛋黄抗体：肌内注射1.5~3 mL/只，并加入阿米卡星（2万~4万u/kg体重），也可以加入头孢噻呋钠、硫酸头孢喹诺、庆大小诺霉素等。

（2）抗微生物药饮水或拌料，配合维生素K_3（5 mg/kg饲料）、干扰素、脾脏水解粉/水解液、转移因子、促肝细胞生长素等可缓解症状或降低死亡率。

106. 什么是鸭呼肠孤病毒病？

鸭呼肠孤病毒病是呼肠孤病毒（ARV）引起雏番鸭、雏鹅发生的一种高发病率和高死亡率的烈性传染病，俗称花肝病、番鸭肝白点病、鸭出血性坏死性肝炎、鸭坏死性肝炎、鸭新肝病、脾坏死症等。ARV有11个血清型，且各血清型病毒间的抗原性密切，病毒对外界环境抵抗力强。

目前该病已广泛存在于我国水禽养殖区域。

107. 鸭呼肠孤病毒病的流行特点有哪些？

本病的自潜伏期为3~10 d，具有发病急、传播快的特点，发病无明显季节性，临床症状差异很大。

ARV可感染多品种的鸭、鹅，以雏番鸭、半番鸭最易感，多发于5~45日龄，5~10日龄居多，日龄越小，发病率和死亡率越高，发病率30%~90%，死亡率一般在30%以内，呼肠孤病毒以水平传播为主，也可垂直传播。

目前鸭、鹅呼肠孤病毒病发病率呈上升趋势，若与传染性浆膜炎、大肠杆菌病或番鸭细小病毒病等并发或继发时，死亡率更高。

108. 鸭呼肠孤病毒病的临床症状有哪些？

病鸭精神沉郁，食欲减退，甚至食欲废绝，眼分泌物增多，羽毛松乱、无光泽，怕冷，扎堆，排白色或绿色稀粪，脱水，迅速消瘦，终因衰竭而死亡。死前头部触地，头向后扭转，喙呈紫黑色，病愈鸭较消瘦，生长速度受阻；蛋鸭产蛋率下降，蛋壳粗糙。

鹅呼肠孤病毒病以雏鹅瘫痪、运动障碍为主要特征，发病率10%~50%，死亡率10%~40%，目前肉鹅发病率高。

109. 鸭呼肠孤病毒病的病理变化有哪些？

我国鸭呼肠孤病毒感染后的病例主要分为鸭多脏器坏死症、鸭多器官出血症、鸭肝坏死症和鸭脾坏死症四种，目前肉鸭临床多以脾坏死症为主。特征性的病变部位是肝脏和脾脏。

（1）鸭多脏器坏死症（雏番鸭和半番鸭）：多脏器局部坏死，以肝脾病变最为严重，多以肿大、表面分布肉眼可见的灰白色、针尖大小的坏死点为特征。

（2）鸭多器官出血症（多个品种鸭）：又称鸭病毒性肿头出血症。雏鸭皮肤分布大小不等的出血点，头颈部皮下水肿，有胶冻样渗出物，心肌、肝脏、脾脏等脏器表面及肠道黏膜出血，胸腺出血最为严重，产蛋鸭卵巢严重充血、出血。

（3）鸭肝坏死症（雏番鸭、半番鸭、麻鸭和北京鸭等）：肝脏略微肿大、表面有不同程度的坏死点和出血斑点，或不规则坏死、出血。脾脏肿大，点状或斑状坏死。

（4）鸭脾坏死症（北京鸭为主）：脾脏表面有出血斑或坏死灶，后期以坏死、萎缩为主。胰腺表面有细小出血点，间或有灰白色坏死点。

法氏囊有不同程度的炎性变化，囊腔内有胶样或干酪样物；肾脏充血、出血，呈斑驳状，局部有灰白色坏死点或坏死灶散在；病程稍长的病例可见心包炎、气囊炎、肝周炎，肠壁粘连，肠壁变薄，内有泡沫样物，泄殖腔中有白色糊样粪便。

110. 鸭呼肠孤病毒病如何治疗？

免疫接种是预防本病的关键措施，发病后可采取以下治疗方案。

（1）肌内或皮下注射高免卵黄抗体1~2 mL/只，配合头孢噻呋钠注射，防止继发感染。

（2）抗微生物药饮水或拌料，高免卵黄抗体、促肝细胞生长素配合干扰素、脾脏水解粉/水解液、转移因子、维生素C可溶性粉及中药等治疗。

【处方1】茵栀解毒颗粒：茵陈360 g，栀子、黄芩各180 g，虎杖、钩藤各200 g。

【用法与用量】混饮，雏鸭每天0.48~0.96 g，连用2~3 d。

【处方2】板翘合剂：板蓝根250 g，大青叶300 g，拳参200 g，连翘150 g，柴胡100 g。

【用法与用量】混饮或灌服，每只每天0.5~1 mL，连用3~5 d。

【处方3】板青颗粒：板蓝根600 g，大青叶900 g。（每100 g相当于原生药100 g）

【用法与用量】鸭1.5~3.0 g/只。

【处方4】加减茯白散：板蓝根15~25 g，白芍10~20 g，茵陈20~30 g，龙胆草10~15 g，党参7.5~15 g，茯苓7.5~15 g，黄芩10~20 g，苦参10~20 g，甘草10~30 g，车前草10~30 g，金钱草15~45 g（河南省现代中兽医研究院研制）。

【应用】对多因素如脂肪肝综合征、包涵体肝炎、心包积液综合征、鸭病毒性肝炎、肝炎-脾肿大综合征、鸭呼肠孤病毒病、弧菌性肝炎等引起的肝脏肿大等症具有治疗或缓解功效。

【用法与用量】0.5~2.0 mL/只，每天1次，连用3~5 d。

111. 什么是小鹅瘟？

小鹅瘟（GP）是鹅细小病毒（GPV）引起雏鹅的一种急性或亚急性、败血性传染病，主要侵害30日龄内的鹅和番鸭，以严重下痢及渗出性肠炎为特征，具有传播快、发病急、死亡率高的特点。1956年我国学者方定一教授首先发现该病并定名为小鹅瘟。GPV仅有一种血清型，GPV和MDPV存在部分共同抗原，共同抗原主要存在VP3蛋白上，差异性抗原主要存在VP1、VP2蛋白上，通过交叉中和试验可以把MDPV和GPV区分开来，病毒对外界抵抗力较强。疫苗和血清的应用加上综合防控方案的落实，目前我国小鹅瘟发病率低。

112. 小鹅瘟的流行特点有哪些？

本病仅发生于鹅和番鸭，其他禽类无易感性，25 日龄内雏鹅易感，1 月龄以内的雏鹅多发病，发病日龄越小，死亡率越高，1 月龄以上的鹅很少发病，成年鹅感染不发病，病鹅、带毒鹅是主要传染源，通过直接接触或间接接触粪便中病毒传播，也可经种蛋垂直传播，种蛋垂直传播是造成雏鹅发病的重要原因。

本病传播迅速，1 周龄以内的雏鹅死亡率可达 100%，20 日龄以上的发病率低，30 日龄以上则极少发病。

113. 小鹅瘟的临床症状有哪些？

本病的潜伏期为 3～5 d。临床上分为最急性型、急性型和亚急性型。

（1）最急性型：多发生于 1 周龄内的雏鹅，无前驱症状，突然倒地乱划，很快死亡。部分病鹅精神委顿，鼻孔流出少量浆液性分泌物，上喙前端及脚蹼发暗，两脚前后摆动，衰竭倒地，很快死亡。

（2）急性型：多发生于 7～15 日龄的雏鹅，比较常见。病鹅精神不振，采食量逐渐减少至不食，缩颈闭目，羽毛蓬乱，离群独处；严重下痢，拉黄白色或黄绿色稀粪，粪便中混有气泡、纤维素片或没有消化的饲料，肛门附近羽毛被污染；鼻液分泌增多，不断摇头，呼吸急促，张口呼吸，口角及鼻孔有分泌物甩出，致使鼻孔周围污秽；喙端发绀，脚蹼色暗，死前出现头颈扭转、两腿麻痹或抽搐等。

（3）亚急性型：多发生于 20～30 日龄雏鹅或疫病流行的后期，症状较轻，以食欲缺乏与腹泻为主。病鹅消瘦，站立不稳，拉稀，粪便中混有气泡、纤维素性白色絮片或未消化的饲料。

114. 小鹅瘟的病理变化有哪些？

最急性型肠道除急性卡他性炎症外，其他器官的病理变化一般不明显，亚急性型“腊肠状”栓子病理变化更明显。

急性型特征性变化是空肠和回肠的急性卡他性–纤维素性坏死性

肠炎，肠黏膜整片坏死脱落，与凝固的纤维素性渗出物形成栓子或包裹在肠内容物表面形成假膜，堵塞肠腔。靠近卵黄蒂与回盲部的肠段极度膨大，比正常的肠段增粗2~3倍，长2~5 cm，质地坚实呈“腊肠”样。剪开膨大部肠管，其内充塞淡灰白色或淡黄色凝固栓子状物，将肠腔完全堵塞，栓子状物较干燥，切面中心是深褐色的干燥肠内容物，外面包着厚厚的灰白色假膜。

十二指肠黏膜充血，附着多量黏液，外观呈红色，肠管壁变薄，呈灰白色，黏膜平滑，严重时波及整个肠道。

全身脱水，皮下组织充血；肝脏肿大呈棕黄色或紫红色；脾脏肿胀、出血、质脆易碎；心外膜出血，心脏变圆，心房扩张，心壁松弛，心肌失去光泽，苍白；胆囊肿胀，胆汁充盈；肾脏肿胀；胰腺色泽变暗，个别有小白点散在；法氏囊质地坚硬，内有纤维素性渗出物。

115. 小鹅瘟如何治疗？

疫苗和血清是预防的关键措施，发病后可采取以下治疗方案：

（1）抗小鹅瘟高免血清或高免卵黄液：皮下注射1~2 mL/只，配合头孢噻呋、头孢喹诺、庆大小诺霉素等控制细菌的继发感染。

（2）抗微生物药及高免卵黄抗体饮水或拌料，配合干扰素、脾脏水解粉/水解液、转移因子、促肝细胞生产素等及具有清热解毒、燥湿止痢的中药制剂治疗等。

【处方1】清瘟败毒散：石膏120 g，地黄、栀子、知母、连翘各30 g，水牛角60 g，黄连、牡丹皮各20 g，黄芩、赤芍、玄参、桔梗、淡竹叶各25 g，甘草15 g。

【用法与用量】禽1~3 g/只。

【处方2】板蓝根、大青叶、黄连、黄柏、知母、穿心莲各50 g，鲜白茅草根、鲜马齿苋各500 g。

【用法与用量】水煎去渣，供500只雏鹅拌料或饮用，每天1剂。

【处方3】黄芩、柴胡、栀子、明雄、大黄、苍术各6 g，细辛、甘草、辛夷各 4 g，薄荷 8 g，樟脑、牙皂各 3 g。

【用法与用量】以上各药混合煎水，供 100 只 7 日龄小鹅 1 d 分上、下午 2 次用滴管灌服。每只雏鹅每次滴 3~5 滴，连用 3~5 d。

【应用】用本方治疗小鹅瘟效果很好，一般用 3~5 剂即可治愈。

【处方 4】郁金、白头翁、黄芩、黄连、黄柏、栀子各 30 g，诃子、白芍各 15 g，大黄、秦皮各 45 g。

【用法与用量】禽 2~4 g/只。

【处方 5】金银花、连翘、板蓝根、蒲公英、青黛、甘草各 120 g。

【用法与用量】水煎取汁，3 mL/只，每天 2 次，连用 3~5 d。

【处方 6】金银花、连翘、蒲公英、紫花地丁各 75 g，板蓝根 125 g，青黛 50 g，甘草 25 g。

【用法与用量】水煎供250 只番鸭使用，每天 2 次，连用 3~5 d。

116. 什么是鹅星状病毒病?

鹅星状病毒病是由鹅星状病毒感染引起雏鹅的一种病毒性传染病，以脏器、肌肉、关节有尿酸盐沉积为特征。因该病与痛风的临床症状、病理变化相似，又称为小鹅痛风、雏鹅痛风或鹅痛风。雏鹅星状病毒病发病率高，死亡率高达 50%，肉鹅最严重，给我国养鹅业造成严重的经济损失。

117. 鹅星状病毒病的流行特点有哪些?

本病四季均可发生，21 日龄的雏鹅易感，多发生于 30 日龄以内的肉鹅，发病率较高，死亡率达 50%左右，健康携带病毒的禽可向外排毒，是主要传染源。

文献表明，星状病毒既可水平传播，也可垂直传播。文献报道分离自鹅痛风病例的鹅星状病毒与其他经典禽星状病毒完整基因组同源性比例仅为 53.0%~61.8%，表明星状病毒可在种间进行传播，已证明星状病毒可经粪-口途径水平传播。

118. 鹅星状病毒病的诊断要点有哪些？

大部分雏鹅出现症状不久即死亡。病鹅消瘦、精神沉郁、四肢瘫软无力，行动不便，个别关节有肿大；食欲废绝、饮欲增加，呼吸困难，眼睑和角膜混浊。以脏器、肌肉、关节等处有尿酸盐沉积为主要病理特征，如心脏、肝脏、肾脏、浆膜表面等覆盖白色尿酸盐渗出物，胆囊内、输尿管内、关节与肌肉等处有灰白色尿酸盐沉积。

119. 鹅星状病毒病如何治疗？

本病目前无有效的治疗方案。发病初期可采用干扰素、脾脏水解粉/水解液、转移因子饮水，配合清热解毒、凉血的中药方剂（石翘散：生石膏、水牛角各 12 g，知母、生地黄、牡丹皮、板蓝根、竹叶各 9 g，甘草、连翘各 7 g，大青叶 11 g，黄连、金银花各 6 g，人参叶 5 g，0.25~1.5 mL/只，每天 1 次，连用 3~5 d），饮水中添加小苏打、维生素 C 或丙磺舒（0.1~0.2 g/kg 饲料），并降低饲料中的蛋白含量等综合治疗方案，也可取得较好的疗效。

第二章　细菌性疾病

120. 什么是禽大肠杆菌病?

禽大肠杆菌病是由禽致病性大肠杆菌（APEC）引起禽类不同疾病的总称。各种日龄的禽均可感染，包括败血型（肝周炎、心包炎、气囊炎）、脑炎型、雏鸡脐炎型、眼球炎型、肠炎型、关节滑膜炎型、肉芽肿型、生殖系统炎症型等，临床中感染两种以上的情况占多数，是家禽中常见的细菌病之一，耐药性菌株引起的感染目前较多，易与其他疾病如慢性呼吸道病、禽流感、传染性支气管炎等病混合感染。本书主要介绍鸡、鸭、鹅大肠杆菌病，其他禽类如鹌鹑、鸽、孔雀等参考鸡大肠杆菌病。

121. 禽大肠杆菌病的流行特点有哪些?

本病因大肠杆菌为条件性致病菌，广泛存在于自然环境中，因此大肠杆菌病对养禽全过程构成了很大威胁。一般通过消化道和呼吸道感染，也可以通过伤口、污染的种蛋及生殖道、交配等传播，病禽和带菌禽是本病的主要传染源，被病死禽的尸体和粪便污染过的饲料、饮水等也可成为传染源，不同年龄的禽类都易感，鸡、鸭最易感，雏禽和产蛋期蛋禽感染危害最为严重。

本病四季均可发生，多雨、闷热、潮湿季节多发，发病与饲养管理水平、各种应激因素、呼吸道损伤、免疫抑制等密切相关，死亡率的高低与有无其他病原体感染关联很大。

肉鸡发生的支气管栓塞症、黑心肺、气囊炎，蛋鸡肿头肿脸症即单侧或双侧眼睛流泪、肿大甚至失明，面部肿胀，甚至波及颈下，产蛋率基本保持不下降，传播速度慢，零星死亡，常可检测到大肠杆菌。

122. 禽大肠杆菌病的临床症状有哪些?

（1）鸡大肠杆菌病：临床分为以下类型。

1）败血型：多发生于白羽肉鸡，目前肉鸡发生的支气管栓塞症、黑心肺、气囊炎等症常与败血型大肠杆菌病相关。病鸡呼吸困难，精神沉郁，羽毛松乱，食欲减退或废绝，剧烈腹泻，粪便呈白色或黄绿色，腹部肿胀，病程较短，很快死亡。

2）脐炎型：俗称“大肚脐”，多在1周内死亡。病鸡精神沉郁，虚弱，常堆挤在一起，少食或不食，腹部胀大，脐孔及其周围皮肤发红、水肿或呈蓝黑色，有刺激性臭味，卵黄不吸收或吸收不良，剧烈腹泻，粪便呈灰白色，混有血液。

3）眼球炎型：蛋鸡的肿头肿脸症与眼球炎型有关，常与败血型大肠杆菌病同时发生。病鸡精神萎靡，闭眼缩头，采食减少，饮水量增加，排绿白色粪便；眼球炎多为一侧性，少数为两侧性；眼睑肿胀，眼结膜内有炎性干酪样物，眼房积水，角膜混浊，流泪怕光，严重时眼球萎缩，凹陷，失明，终因衰竭死亡。

4）肠炎型：病鸡精神萎靡，闭眼缩头，采食减少，饮水量增加，剧烈腹泻，粪便伴有出血，肛门周围羽毛被粪便污染而污秽、粘连。

5）生殖系统炎症型：病鸡体温升高，鸡冠萎缩或发紫，羽毛蓬松；食欲减少并很快废绝，喜饮少量清水；腹泻，粪便稀软呈淡黄色或黄白色，粪便混有黏液或血液，常污染肛门周围的羽毛；产蛋率低，产蛋高峰上不去或产蛋高峰维持时间短；腹部明显增大下垂，触之敏感并有波动，鸡群死淘率增加。

6）脑炎型：2~6周龄雏鸡和产蛋鸡多发。病鸡精神委顿，昏睡，垂头闭目，下痢，蹲伏及歪头，扭脖，倒地，抽搐，等等。

7）关节滑膜炎型：病鸡跛行或卧地不起，腱鞘或关节发生肿胀，腹泻。目前与滑液囊支原体感染、坏死性关节炎症状相似，常混合感染致使死亡率上升。

8）肉芽肿型：目前肉芽肿型临床发病呈上升趋势，不同品种的鸡均可发病，病鸡发生腹泻，病死率比较高。

（2）鸭大肠杆菌病：本病主要发生于 2～6 周龄的鸭及产蛋期鸭。

病鸭精神委顿，羽毛松乱，不喜运动，少食或不食，眼鼻常有分泌物，肿眼，流泪，尖叫，呼吸困难，下痢，排出稀的黄绿色或白色粪便，终因消瘦而死亡。

产蛋期鸭发病后产蛋突然停止或产蛋率下降，蛋品质量差，如蛋壳粗糙、薄壳蛋增多，憋蛋（输卵管内或泄殖腔常有硬壳蛋）；种公鸭生殖器官受损，如阴茎肿大、出血、外露，严重时无法吸回等；种蛋受精率低、孵化率低，死淘率高达 40%。

（3）鹅大肠杆菌病：各种日龄的鹅均可发病，多发生于 3～10 日龄雏鹅和产蛋期鹅，雏鹅脐炎与雏鸡症状相似，也会出现鸡败血型的症状。

病鹅精神不振，呆立，不愿走动，采食量下降或不食，眼鼻有分泌物，尖叫，肿眼，流泪，呼吸困难。

产蛋期鹅发病后，产蛋率下降 30% 以上，蛋品质量差，粪便呈蛋花汤样，粪便中常夹杂蛋清、蛋黄等，俗称“蛋子瘟”。

病公鹅阴茎肿大，表面有出血点、坏死点，阴茎外垂无法吸回，常与地面接触，致使死淘率增加，死淘率高达 50%，种蛋受精率、孵化率、健雏率显著下降等。

123. 禽大肠杆菌病的病理变化有哪些？

（1）败血型：典型病变是肝周炎、心包炎、气囊炎。

肝脏病变：肝肿大，质脆易碎，被膜增厚，不透明呈黄白色，易脱落，肝表面被纤维素性膜包裹（俗称肝周炎），剥脱后肝呈紫褐色，被膜下散在大小不一的出血点或坏死灶。

心包病变：心包增厚不透明，心包积有淡黄色液体（注意与心包积液综合征区分），心包和心脏粘连形成心包炎。

气囊病变：气囊增厚、混浊，表面覆有纤维性渗出物，呈灰白色或灰黄色，囊腔内有数量不等的黄色纤维素性渗出物或干酪样物（俗称气囊炎）。

（2）脐炎型：脐孔愈合不全、红肿，脐孔周围皮肤水肿，皮下瘀血、出血，或有黄色或黄红色的纤维素性蛋白渗出；卵黄吸收不良，卵黄囊充血、出血且囊内卵黄液黏稠或稀薄，多呈黄绿色或黄棕色或灰黑色，甚至卵黄硬化；肝脏肿大呈土黄色，质脆，淡黄色坏死灶散在，肝包膜略有增厚；肠道呈卡他性炎症。

（3）生殖系统炎症型：输卵管膨大，内有数量不等的干酪样物，呈黄白色，切面轮层状，较干燥；输卵管黏膜充血、壁变薄或囊肿。卵泡充血、出血、变性、变色；泄殖腔外翻、出血，有的糜烂性出血。睾丸肿大、质地变硬、变形，脱出的阴茎肿大，黏膜出血、糜烂、腥臭，表面有结节或溃疡等。

（4）肠炎型：肠道肿胀，肠内容物多为黏液性或红色液体，夹杂脱落的黏膜碎片，肠黏膜充血、出血，肠壁变薄，肠浆膜有明显的小出血点，有的形成慢性肠炎，盲肠增粗，内有干酪样物。

（5）脑炎型：头部皮下出血、水肿，脑膜充血、出血，实质水肿，脑膜易剥离，脑壳软化。

（6）关节滑膜炎型：关节肿大，关节周围组织充血、水肿，关节腔内有纤维蛋白渗出或混浊的关节液，滑膜肿胀、增厚。

（7）肉芽肿型：心脏、胰腺、肝脏、肺脏、肌肉、皮下及盲肠、直肠和回肠的浆膜等处常见粟粒大黄白色或灰黄色肉芽肿；肝表面有不规则的黄色坏死灶，有时整个肝发生坏死；肠粘连；等等。

（8）眼球炎型：眼球炎型大肠杆菌病理变化和临床症状相同。

124. 禽大肠杆菌病如何治疗？

用当地分离的致病性菌株做成自家疫苗进行免疫接种，保护性比较高，发病后及时搞好环境卫生，严格消毒，及时隔离治疗，全群给药。对已出现肝周炎、心包炎、气囊炎和腹膜炎的病禽无治疗意义，应及时淘汰。治疗时配合酵母免疫蛋白、溶菌酶、噬菌体、维生素 C 可溶性粉、复合维生素 B 粉、复方维生素纳米乳等，利于本病的康复。

（1）选择高敏的抗微生物药饮水或拌料，连用3~5 d。

（2）选择清热解毒、燥湿止痢的中药制剂治疗。

【处方1】白龙散：白头翁600 g，龙胆300 g，黄连100 g。

【用法与用量】禽1~3 g/只。

【处方2】白头翁散：白头翁、秦皮各60 g，黄连30 g，黄柏45 g。

【用法与用量】禽2~3 g/只。

【处方3】白马黄柏散：白头翁、黄柏各300 g，马齿苋400 g。

【用法与用量】禽1.5~6 g/只。

【处方4】泻痢灵散：白头翁、穿心莲、鱼腥草各150 g，黄柏、六神曲、秦皮、地榆（炭）、板蓝根各100 g，苍术50 g。

【用法与用量】混饲，鸡每1 kg体重1 g，连用3~7 d，预防减半。

【处方5】三味拳参散：拳参1 400 g，穿心莲1 000 g，苦参1 600 g。

【用法与用量】混饲，禽每1 kg饲料5 g。

【处方6】蓼苋散：辣蓼90 g，马齿苋60 g，黄芩18 g，木香15 g，秦皮30 g，白芍27 g，干姜、甘草各9 g。

【用法与用量】一次量，鸡0.3~0.6 g，每天2次，连用3 d。

【处方7】杆菌灵口服液：黄连300 g，黄芩600 g，栀子450 g，穿心莲、白头翁各250 g，甘草100 g。

【用法与用量】混饮，禽每1 L水1.5~2.5 mL（每1 mL相当于原生药材1 g）。

【处方8】三黄痢康散：黄芩、黄连、栀子各154 g，黄柏、当归、大黄、诃子、白芍各77 g，白术、肉桂各39 g，茯苓、川芎各38 g。

【用法与用量】拌料内服，鸡一次量1 g。

【处方9】蒲青止痢散：蒲公英、大青叶、板蓝根各40 g，金银花、黄芩、黄柏、甘草各20 g，藿香、石膏各10 g。

【用法与用量】混饲，鸡每1 kg饲料10~20 g。

【处方10】穿黄散：穿心莲、野菊花各10 g，黄芩、黄连、黄柏、蒲公英、鱼腥草、紫萁贯众、牡丹皮、赤芍各9 g，夏枯草8 g（河南省现代中兽医研究院研制）。

【用法与用量】禽1~3 g/只，连用4~5 d。

【主治】大肠杆菌病、沙门菌病等。

125. 什么是鸡白痢?

鸡白痢是由鸡白痢沙门菌感染引起鸡的一种常见细菌病，主要危害雏鸡和雏火鸡，以雏鸡拉白色糊状稀粪为特征，死亡率高，成年鸡多为慢性经过或隐性感染。

本病可经蛋垂直传播，也可通过孵化器、被污染的饲料、饮水、垫料、粪便、鼠类和环境等水平传播，病鸡和带菌鸡是主要传染源，某些有易感性的飞禽等也可以成为传染源，各种日龄、品种和性别的鸡均有易感性，2~3周龄内的雏鸡常发，发病率和死亡率最高，常呈暴发流行性，成年鸡呈慢性经过或隐性感染。

126. 鸡白痢的临床症状有哪些?

本病潜伏期4~5 d，雏鸡脑炎型和肺炎型鸡白痢常见。

若胚胎期感染，造成胚胎死亡，出壳率低，孵化出大量弱雏，出壳后3日龄内大量死亡。若出壳后感染的雏鸡，一般7~10 d发病并开始死亡，21日龄后发病率逐渐减少。

病雏鸡精神沉郁，眼睛呈云雾状混浊，失明，怕冷，聚群，扎堆，排便时伴随短促的尖叫声，拉白色粪便，有时拉棕绿色的排泄物，肛门周围的羽毛污秽、粘连，有时出现黏肛；部分病鸡关节肿胀，跛行，零星死亡。蛋鸡产蛋率下降，零星死亡，有“垂腹”等症，种蛋受精合格率降低。

（1）脑炎型鸡白痢：雏鸡多在6~21日龄发病。病鸡出现头颈低垂扭曲，或俯向胸前，或仰向后背部，滚翻等症。

（2）肺炎型鸡白痢：雏鸡多在3~5日龄发病，最早可在1日龄发病。病初有轻微的呼吸道症状；中期呼吸加快，腹式呼吸，肛门口及其周围干净；后期常继发支原体病或大肠杆菌病而引起死亡，死亡鸡机体消瘦、侧卧、两腿后伸等。

127. 鸡白痢的病理变化有哪些？

（1）雏鸡或青年鸡：卵黄吸收缓慢或不吸收，内容物多为黄绿色糊状或奶油状，甚至卵黄硬化呈干酪物样；肺表面有淡黄色混浊液体或灰白色至灰黄色结节（肺炎型鸡白痢）；肝脏肿大，呈砖红色或土黄色，表面散在灰白色或淡黄色的小坏死点，肝脏有时有出血斑点或条纹状出血；心脏变形，心脏、肠管、肌胃等处有白色或灰白色隆起的坏死结节；脑膜充血；胆囊肿大；脾脏肿大并有白色坏死点；肾肿大、充血，输尿管因充满尿酸盐而扩张；肠壁弥漫性肉芽肿，盲肠内有干酪样物充斥，形成“盲肠芯”，呈香肠样。

（2）成年鸡：肝脏肿胀、变性，呈黄绿色，表面凹凸不平，肝被膜增厚；腹水，纤维素性心包炎，心肌有白色或灰白色小结节，胰腺有细小坏死点；卵泡变形、变色，呈囊状，卵泡内容物呈油脂样或干酪样。

128. 鸡白痢如何治疗？

预防雏鸡白痢可在雏鸡出壳 24 h 内注射恩诺沙星或头孢噻呋钠等抗生素。

发病后，全群给药治疗时配合溶菌酶、噬菌体、维生素 C 可溶性粉、促肝细胞生长素等，利于本病的康复。

（1）高敏的抗微生物药饮水或拌料，连用 3~5 d。

（2）选择清热解毒、燥湿止痢的中药治疗。

【处方 1】鸡痢灵散：雄黄、藿香、滑石、黄柏各 10 g，白头翁、诃子、马齿苋、马尾连各 15 g。

【用法与用量】雏鸡 0.5 g/只。

【处方 2】雏痢净：白头翁、马齿苋各 30 g，黄连、乌梅各 15 g，黄柏、木香各20 g，诃子 9 g，苍术 60 g，苦参 10 g。

【用法与用量】雏鸡0.3~0.5 g/只。

【处方3】苦参地榆散：苦参40 g，地榆、龙牙草各30 g。

【用法与用量】混饲，预防量，雏鸡每1 kg饲料10 g，自由采食，治疗量加倍。

【处方4】三黄白金散：黄柏、木香各20 g，黄连15 g，白头翁50 g，金银花40 g，黄芩、马齿苋、虎杖各10 g，穿心莲30 g。

【用法与用量】雏鸡0.4~0.8 g/只。

【处方5】三黄苦参散：黄连30 g，黄柏15 g，黄芩、穿心莲、板蓝根、木香各45 g，甘草10 g，雄黄5 g，苦参60 g。

【用法与用量】雏鸡0.2 g/只，每天2次。

【处方6】白莲藿香散：白头翁、穿心莲、广藿香、苦参各15 g，黄柏、黄连、雄黄、滑石各10 g。

【用法与用量】一次量，雏鸡0.25 g，每天2~3次。

【处方7】四黄贯板散：黄连、大黄各30 g，黄芩、焦山楂各35 g，绵马贯众50 g，板蓝根65 g，地黄45 g，甘草20 g。

【用法与用量】雏鸡0.6 g/只。

【处方8】泽漆止痢散：泽漆80 g，穿心莲、板蓝根各60 g，苍术30 g，蒲公英、墨旱莲各50 g，雄黄15 g。

【用法与用量】雏鸡0.3~0.6 g/只。

【处方9】穿白痢康散：穿心莲200 g，白头翁100 g，黄芩、功劳木、秦皮、广藿香、陈皮各50 g。

【用法与用量】雏鸡0.24 g/只。

【处方10】穿黄散：穿心莲、野菊花各10 g，黄芩、黄连、黄柏、蒲公英、鱼腥草、紫萁贯众、牡丹皮、赤芍各9 g，夏枯草8 g（河南省现代中兽医研究院研制）。

【用法与用量】禽1~3 g/只，连用4~5 d。

【主治】大肠杆菌病、沙门菌病等。

129. 什么是禽伤寒？

禽伤寒是由鸡伤寒沙门菌感染引起家禽的一种急性或慢性败血

性传染病，以黄绿色下痢，肝脏肿大呈古铜色（尤其生长期和产蛋期的母鸡）为特征。本书主要介绍鸡伤寒。

本病一般呈散发或地方流行性，主要发生于成年鸡。病鸡和带菌鸡是传染源，消化道感染是主要传播方式，也可以经卵垂直传播，孵化器和育雏室内可引起相互传染，鸡和火鸡对本病易感，成年鸡较为敏感，鸭、鹅、鸽有抵抗力，常感染 3 周龄以上的青年鸡、成年鸡和火鸡。

130. 禽伤寒的临床症状有哪些？

本病潜伏期一般 4~5 d，具有发病率高，死亡率低的特点，慢性感染鸡以消瘦、零星死亡为特征。

鸡冠萎缩，鸡冠与肉髯苍白，食欲减退，渴欲增加，体温升至 43 ℃以上，喘气和呼吸困难，腹泻，排淡黄绿色稀粪（多见于青年鸡和成年鸡）或排白色稀粪（多见于雏鸡）；发生腹膜炎时，呈直立姿势，康复后成为带菌鸡。

131. 禽伤寒的病理变化有哪些？

雏鸡病变和鸡白痢相似，特别是肺和心肌常有灰白色结节状病灶。

青年鸡和成年鸡肝肿大，呈淡棕绿色或古铜色，心肌、肝脏及睾丸等表面有粟粒样灰白色坏死病灶散在；脾脏和肾脏充血、肿大，表面有细小坏死灶散在；胆囊充盈。

产蛋鸡卵泡出血、变形、变色。

小肠卡他性炎症，十二指肠有点状或斑点状出血，肠道内容物多为绿色，盲肠有土黄色干酪样栓塞物，大肠黏膜有出血斑，直肠肉芽肿，肠管间发生粘连，淋巴滤泡肿胀，等等。

有些病例可见纤维性心包炎、肝周炎、腹膜炎等。

132. 禽伤寒如何治疗？

发病后，全群给药进行治疗，治疗时建议配合溶菌酶、噬菌体、维生素C可溶性粉或复方维生素纳米乳等，利于本病的康复。

（1）高敏抗微生物药饮水或拌料，连用3~5 d。

（2）选择清热解毒、燥湿止痢的中药制剂治疗。

【处方1】三味拳参散：拳参1 400 g，穿心莲1 000 g，苦参1 600 g。

【用法与用量】混饲，禽每1 kg饲料5 g。

【处方2】杨树花口服液：杨树花。

【用法与用量】混饮，禽每1 L水1~2 mL（每1 mL相当于原生药材1 g）。

【处方3】加味白头翁散：白头翁50 g，黄柏、黄连、秦皮、大青叶、白芍各20 g，乌梅15 g。

【用法与用量】共研细末，混匀。前3天每只鸡每天1.5 g，后4天每只鸡每天1 g，混入饲料中喂给，连续用药7 d。病重不能采食者，人工投喂。

【应用】用本方治疗伤寒病鸡185只，治愈165只。

【处方4】白头翁散加减：黄连、雄黄、藿香各30 g，黄柏、滑石、诃子各45 g，秦皮、白头翁、马齿苋各60 g。

【用法与用量】共研为末，按2.5%比例拌料喂给作为预防；也可水煎去渣，药液加水稀释至每1 kg水含生药20 g浓度，替代饮水用于病鸡治疗，连续使用5 d。

【处方5】雄黄15 g，甘草35 g，白矾、黄柏、黄芩、桔梗各25 g，知母30 g。

【用法与用量】碾粉，供100只成年鸡一次拌料喂服，连服3 d。

【应用】用本方治疗鸡伤寒病，效果显著。混饲的同时，多饮水。

【处方6】穿黄散：穿心莲、野菊花各10 g，黄芩、黄连、黄柏、蒲公英、鱼腥草、紫萁贯众、牡丹皮、赤芍各9 g，夏枯草8 g（河南省现代中兽医研究院研制）。

【用法与用量】禽1~3 g/只，连用4~5 d。

【主治】大肠杆菌病、沙门菌病等。

133. 什么是禽副伤寒？

禽副伤寒是家禽、多种禽类及哺乳动物的急性或慢性疾病，是由沙门菌属中的一个没有宿主特异性的菌种引起，本病呈地方流行性，不良的饲养环境会促进本病的发生与流行，不同日龄的禽均易感，尤其幼禽易感，如 2~5 周龄的雏鸡及雏鸭、雏鹅，青年禽和成年禽为慢性经过或隐性感染，可经蛋垂直传播，也可经呼吸道、消化道、损伤的皮肤传播，而经蛋垂直传播使疾病的清除更为困难，带菌禽和病禽是主要传染源。

134. 禽副伤寒的临床症状有哪些？

成年禽无明显症状，呈隐性经过。

（1）鸡副伤寒：雏鸡多在 2 周龄内发病，常于 1~2 d 死亡，多呈急性或亚急性经过，与鸡白痢相似。

病鸡垂头闭眼，翅膀下垂，呆立，离群，嗜睡，厌食，饮水增加，怕冷挤堆，抽搐，排淡黄绿色水样稀粪，肛门周围羽毛被稀粪污染；有的关节肿胀，呼吸困难；严重感染时，出现结膜炎、鼻窦炎和眼盲。

（2）鸭、鹅副伤寒：急性病例在出壳前死亡，死胚增多，或出壳后前几天发生死亡。

病鸭、鹅呆立，嗜睡，翅膀下垂，羽毛蓬松，扎堆聚群；采食量下降，饮水量增加；拉黄绿色稀粥样或水样便，肛门周围被粪便污染；眼结膜发炎，流泪，眼睑水肿、粘连，严重时失明；鼻孔流浆液性或黏液性分泌物，呼吸困难，颤抖，共济失调，角弓反张，最后抽搐死亡。

135. 禽副伤寒的病理变化有哪些？

雏禽卵黄吸收不良，卵黄黏稠，色深，俗称“大肚脐”；肝脏肿大呈古铜色，表面有出血点或条纹状出血或坏死灶散在；肠道呈卡他性炎症或坏死，肠黏膜充血、出血，肠肿胀呈斑驳状，盲肠扩大被干酪样物堵塞；肺脏充血、出血，灶性坏死；淋巴滤泡肿胀；脾脏肿大，表面有斑点状坏死灶；胆囊充盈，部分病例可见气囊炎、关节炎、心包炎，肾肿大、充血等；输卵管炎，卵泡变形、充血、坏死；卵黄性腹膜炎；心脏有坏死结节；等等。

136. 禽副伤寒如何治疗？

发病后，全群给药进行治疗，建议配合溶菌酶、噬菌体、维生素C可溶性粉或复方维生素纳米乳等，利于本病的康复。

（1）高敏的抗微生物药饮水或拌料，连用3~5 d。

（2）选择清热解毒、燥湿止痢的中药方剂治疗。

【处方1】三味拳参散：拳参1 400 g，穿心莲1 000 g，苦参1 600 g。

【用法与用量】混饲，禽每1 kg饲料5 g。

【处方2】白龙散：白头翁600 g，龙胆300 g，黄连100 g。

【用法与用量】禽1~3 g/只。

【处方3】白头翁散：白头翁、秦皮各60 g，黄连30 g，黄柏45 g。

【用法与用量】禽2~3 g/只。

【处方4】白马黄柏散：白头翁、黄柏各300 g，马齿苋400 g。

【用法与用量】禽1.5~6 g/只。

【处方5】杨树花口服液：杨树花。

【用法与用量】混饮，禽每1 L水1~2 mL（每1 mL相当于原生药材1 g）。

【处方6】黄连、黄芩、黄柏、甘草各40 g，金银花、焦山楂各50 g，桂枝、艾叶、陈皮、青皮各45 g，大蒜60 g。

【用法与用量】水煎，分3次供10日龄1 000只雏鸡拌料并饮水，每天1剂，连用5~7 d。10日龄至5月龄，日龄每增加10 d，剂量增加0.1倍。

【应用】用本方治疗鸡副伤寒，用药3 d，鸡群病情明显好转，再用药2 d，病鸡症状全部消失，治愈率为96%。预防：3周龄前每周给药 1 次，1~5 月龄每月给药 1 次，即可有效地防止鸡副伤寒的发生。

【处方 7】血见愁 40 g，马齿苋、地锦草、墨旱莲、车前草、茵陈、桔梗、鱼腥草各 30 g，蒲公英 45 g。

【用法与用量】煎汁，按每只 10 mL，让鸡自饮。预防量减半。

【应用】用本方治疗典型鸡副伤寒，3 h 见效。第 2 天控制住鸡群死亡，连用 2~3 d 可愈。治愈率达 98.2%。

【处方 8】黄连、黄芩、黄柏、栀子、五倍子、甘草、金银花、肉豆蔻、前胡、白头翁各 20 g，焦山楂、秦皮、陈皮各 30 g。

【用法与用量】水煎，分 3 次供 300 只 21 日龄雏鸡 1 日拌料兼饮水，连用 3 d。1 月龄后至成年鸡（5 月龄），每增加 1 月龄，剂量增加 0.3 倍。

【应用】用本方治疗多种经西药治疗无效的罗曼褐商品代雏鸡副伤寒，用药第 2 天鸡群停止死亡，第 3 天病鸡开始采食，1 周后痊愈。健康鸡群于 2 周龄左右及 5~6 月龄给药 1 次，能有效防止该病发生。

【处方 9】马齿苋、地锦草、蒲公英各 20 g，车前草、金银花、凤尾草各 10 g。

【用法与用量】加水煎成 1 000 mL，供 100 只雏鸡 1 d 自由饮用或拌料喂服，连服 3~5 d。

【应用】用本方治疗鸡副伤寒 10 余群，治愈率均在 93%以上。

【处方 10】马齿苋、地锦草各 160 g，车前草 80 g。

【用法与用量】加水 3 kg，煎汁，供 500 只雏鸡 1 d 饮服，连用 3~5 d。

【应用】用本方治疗禽副伤寒，效果显著。

【处方 11】狼牙草 10 g，血箭草 9 g，车前子、白头翁、木香各 6 g，白芍 8 g。

【用法与用量】煎汁拌料，供 1 000 只 10 日龄雏鸡 1 次喂服，连喂 5~7 d。

【处方 12】金银花、龙牙草、青皮、山楂各 90 g，黄连、黄芩、黄柏、赤芍、龙胆草、血余炭、白花地丁各 80 g，丹参、地榆各 70 g，莱菔子 100 g。

【用法与用量】上药浸泡后加入 4 倍量的洁净井水煎煮，去渣取汁供 780 只鸭饮用，每天 1 剂分 2 次服完，连用 4 剂，效果明显。

【处方 13】辣蓼、马鞭草、小蓟、地榆各 100 g。

【用法与用量】加水 4 000 mL 煮沸 3 次，加自来水 200 kg，供 2 200只雏鹅 1 d 自饮，连用 5 d。

【功效】清热解毒，利湿止泻。

【应用】用本方治疗 2 200 只雏鹅副伤寒，服药第 1 天死亡 70 只，第 2 天死亡 40 只，第 3 天死亡 30 只，第 4 天死亡停止，存活 2 060只，存活率为 93. 6%。

【处方 14】白头翁、黄连、黄柏、秦皮各 1 500 g。

【用法与用量】研成粉末，拌 50 kg 饲料中供 500 只雏鹅喂服，每天 1 次，连用 3 d。

【功效】清热解毒、凉血止痢。

【应用】用本方治疗曾用氯霉素、黄连素肌内注射及饮水治疗后不见明显好转的 500 只肉鹅副伤寒，疗效快，效果明显。用药3 d后，死亡仅 2 只，5 d 后剩余肉鹅全部治愈，而且无毒副作用。

【处方 15】穿黄散：穿心莲、野菊花各 10 g，黄芩、黄连、黄柏、蒲公英、鱼腥草、紫萁贯众、牡丹皮、赤芍各 9 g，夏枯草 8 g（河南省现代中兽医研究院研制）。

【用法与用量】禽 1~3 g/只，连用 4~5 d。

【主治】大肠杆菌病、沙门菌病等。

137. 什么是禽霍乱？

禽霍乱，又称禽巴氏杆菌病、禽出血性败血症（简称禽出败），是由多杀性巴氏杆菌引起的主要侵害禽类的一种急性败血性传染病。

本病呈地方流行性，各种日龄的家禽、野禽均可感染发病，3~4 月龄的禽和产蛋期禽多见，病禽、带菌禽及其他病禽是主要传染源，经呼吸道、消化道感染，也可通过皮肤、黏膜的伤口感染，近几年发病呈上升趋势。

138. 禽霍乱的临床症状有哪些？

（1）鸡霍乱：最急性发病鸡通常突然倒地死亡，无其他症状。急性发病鸡精神委顿，羽毛松乱，呼吸困难，口鼻流多量黏液并混有泡沫；鸡冠和肉髯发紫，肉髯水肿、发热和疼痛；剧烈腹泻，排淡黄绿色粪便，体温升高到43 ℃以上，多在1～3 d内死亡，蛋鸡产蛋量减少或停止。慢性发病鸡肉髯、鸡冠、耳片发生肿胀和坏死，鼻窦肿大，鼻腔分泌物增多，分泌物有特殊臭味，关节肿胀、化脓，运动障碍，腹泻。

（2）鸭霍乱：多为急性型，发病急，死亡快，病程1～3 d。病鸭精神不振，翅膀下垂，离群独卧，眼半闭，少食或不食，饮水量增加，停止鸣叫，拉稀，排灰白色或绿色腥臭稀粪，部分混有血液；口、鼻流黏液，呼吸困难，张口呼吸，摇头，俗称“摇头瘟”；部分病鸭两脚瘫痪，行动缓慢，不愿下水。

（3）鹅霍乱：成年鹅霍乱的症状与鸭相似，仔鹅发病率和死亡率较成年鹅严重，常以急性经过为主。病鹅精神委顿，食欲废绝，拉稀，喙和蹼发紫，眼结膜有出血斑点，病程1～2 d。

139. 禽霍乱的病理变化有哪些？

（1）最急性型：病死禽冠、肉髯紫红色或紫黑色，心外膜有出血点，肝表面有针尖大的灰黄色或灰白色坏死点，蛋禽常出现憋蛋现象，输卵管内常有完整的蛋。

（2）急性型：皮下组织、脂肪及肠系膜、浆膜和黏膜有大小不等的出血斑点；心包积液，多为淡黄色或黄红色清亮的液体，有时混有纤维素片等；冠状沟、心外膜、心内膜及心肌充血、出血，严重时，心脏和冠状脂肪表面有弥漫性出血点或融合成大小不一的出血斑；肝脏肿大、质脆，呈紫红色、棕黄色或棕红色，表面有针尖至针头大小的灰黄色或灰白色坏死点，有时点状出血；气管充血、出血，内有黏液；肺脏瘀血、出血、水肿；胸腔、腹腔、气囊和肠浆膜等处有纤维素性或干酪样灰白色渗出物；肌胃出血，十二指肠等肠道呈卡他性和出血性肠炎，黏膜充血、出血，内容物混有血液，有的肠系膜覆盖黄色纤维素样物。

（3）慢性型：鼻腔、气管和支气管内有大量的黏性分泌物，肺质地稍硬，火鸡有肺炎变化；肉髯水肿、坏死，内有干酪样渗出物；关节肿大、变形，关节面粗糙，关节囊增厚，红色或灰黄色黏稠的关节液增多，内有炎性渗出物和干酪样坏死物；卵巢充血、出血，卵黄性腹膜炎。

140. 禽霍乱如何治疗？

（1）根据药敏试验结果，选择高敏的抗微生物药饮水或拌料，连用 3~5 d。

（2）采用清热解毒、燥湿止痢的中药制剂治疗。

【处方 1】黄马莲散：黄芩、马齿苋、地榆、蒲公英各 100 g，穿心莲、鱼腥草各200 g，山楂、甘草各 50 g。

【用法与用量】混饲，鸡 1 g/只。

【处方 2】甲紫 25 g，贯众 15 g，葛根 80 g，紫草 50 g，黄连 70 g，板蓝根 20 g，穿心莲 30 g。

【用法与用量】水煎成 2 000 mL，加红糖 200 g、大蒜汁少许，候温后供 750 只成年鸡饮用，每日 1 剂，每剂煎服 3 次。

【应用】使用本方治疗禽霍乱，用药 2 d 后病鸡症状减轻，至第 5 天后症状基本消失。由于长期大剂量使用抗生素治疗禽霍乱，易使巴氏杆菌产生耐药性。而使用中药治疗禽霍乱，不仅效果好，而且安全节约，无副作用。

【处方 3】藿香、黄连、大黄、黄芩、黄柏各 30 g，苍术、乌梅、厚朴各 60 g，板蓝根 80 g。

【用法与用量】大黄、乌梅分别研末另包，余药共研细末，根据病情混合，拌入饲料喂服。成年鸡治疗量为每只每次 1~1. 5 g，预防量减半，每天 2 次。

【应用】应用本方治疗禽霍乱治愈率 95. 6%。病初用大黄不用乌梅，出现腹泻 3 d，用乌梅不用大黄。预防时大黄、乌梅同用。

【处方 4】雄黄、白矾、甘草各 30 g，金银花、连翘各 15 g，茵陈 50 g。

【用法与用量】粉碎研末拌入饲料投服，每只每次 0.5 g，每天 2 次，连用 5~7 d。

【应用】用本方治疗禽霍乱治愈率在 96%以上。

【处方 5】茵陈、半枝莲、大青叶各 100 g，白花蛇舌草 200 g，生地黄 150 g，藿香、当归、车前子、赤芍、甘草各 50 g。

【用法与用量】以上药物煎汤，在 3 d 内供 100 只鸡分 3~6 次服用。

【应用】用于急性鸡霍乱，也可拌料进行群体预防。

【处方 6】白头翁 60 g，连翘 20 g，黄连、黄柏、金银花各 40 g，野菊花、板蓝根、明矾、蒲公英各 80 g，雄黄 4 g。

【用法与用量】共研为末（雄黄研细）充分混匀，按 4%比例拌料，或水煎取汁，每天 1 kg 体重 2 g 饮服。

【应用】治疗急性禽霍乱。

【处方 7】穿心莲、板蓝根各 6 g，蒲公英、旱莲草各 5 g，苍术 3 g。

【用法与用量】混合粉碎拌料，每只鸡 5 g，连用 3 d。

【应用】本方适用于治疗慢性禽霍乱，治愈率 85.1%，对人工发病鸡进行防治试验，保护率 100%。

【处方 8】茵陈、大黄、茯苓、白术、泽泻、车前子各 60 g，白花蛇舌草、半枝莲各 80 g，生地黄、生姜、半夏、桂枝、白芥子各 50 g。

【用法与用量】此方剂量为 100 只鸡一次用量。水煎取汁饮服或粉碎拌入饲料喂给。

【应用】治疗慢性禽霍乱。

【处方 9】龙胆草、地丁草、紫草、鱼腥草、龙牙草、甘草各等份。

【用法与用量】共研为末，加 2 倍量面粉糊，搓成黄豆大药丸晒干备用。出现个别病鸡时即可投服，成年鸡 4~5 丸，幼鸡减半，每天 2 次，连服 7 d，也可用药物粉剂拌饲料直接喂服，每 1 kg 饲料拌药 10 g。

【功效】清热燥湿，利尿通淋。

【应用】用本方治疗鸡霍乱效果良好，预防有效率达 92%。

【处方 10】穿心莲、火炭母各 60 g，忍冬藤 70 g，黄芩 45 g，大青叶、桔梗各 40 g，黄连须 35 g，甘草 1 g。

【用法与用量】煎水饮服，药汁拌料喂服，每天 1 剂，连喂 8 d，供 200~300 只鸡饮服。

【功效】清热解毒，涩肠止泻。

【应用】用本方治疗鸡巴氏杆菌病效果显著。配合西药青霉素、链霉素和磺胺类药物，效果更好。或用藿香、黄连、黄芩、黄柏、大黄各 30 g，苍术、厚朴、乌梅各 60 g，板蓝根 80 g，研末，每次 1~1.5 g，每天 2 次，连喂 3~5 d。预防量减半。

【处方 11】黄连解毒汤加味

黄连、栀子、穿心莲、板蓝根各 450 g，黄芩、黄柏各 300 g，山楂、神曲、麦芽各 1 000 g，甘草 200 g。

【功效】清热解毒，健脾消食。

【用法与用量】水煎拌料喂服，每天 1 剂，连用 3 剂。供 2 000 只肉鸭、肉鹅服用。对不食者取煎液直接灌服。

【处方 12】黄连、黄芩、黄柏、大黄各 60 g，苍术、厚朴各 40 g，甘草 30 g。

【用法与用量】浓煎，煮谷饲喂 400~500 只成鸭。

【处方 13】大黄、黄芩各 25 g，乌梅、白头翁各 30 g，苍术20 g，当归、党参各 15 g。

【用法】煎汁去渣，供 1 000 只雏鸭 1 次喂服。

【处方 14】板蓝根、穿心莲各 600 g，蒲公英 500 g，苍术 300 g。

【用法与用量】共为细末，根据年龄体重按每只 2~5 g 一次内服。每天 2 次，连用 3 d。预防量减半。

【应用】鹅霍乱。

【处方 15】黄连、黄柏、秦皮各 150 g，建曲、谷芽、山楂、乌梅、甘草各 100 g。

【用法与用量】粉碎，供 1 000 只种鹅一次内服。

【应用】用本方防治鹅的禽出血性败血病，第 2 天病鹅大便开始成形，食欲明显好转，服第 2 剂药后，病鹅大便、食欲恢复正常，种鹅死亡得到控制，半个月后产蛋率明显提高，以后每隔 15 d 服药 1 剂，在服药期间，控制了该病的再度发生，产蛋率也始终正常。该方在种鹅饲养户中，共使用 7 户，累计达 3 200 只鹅，都能控制疾病的发生。

141. 什么是禽葡萄球菌病？

禽葡萄球菌病是由金黄色葡萄球菌引起家禽的一种以渗出性素质、出血、溶血和化脓性炎症等为特征的局部感染或败血性传染病，也是一种环境性疾病。

各种日龄的禽类如鸡、鸭、鹅、野鸡、火鸡、鸽、鹌鹑等均易感，以 40~80 日龄的鸡及雏鸭、雏鹅最易感，病禽是主要传染源，伤口感染（脐带、断喙、刺种、刮伤等）是葡萄球菌感染的主要途径，也可通过呼吸道、消化道和种蛋感染发病，金黄色葡萄球菌为主要的致病菌。

142. 禽葡萄球菌病的临床症状有哪些？

（1）败血型：多见于雏禽和育成年禽，具有发病急、病程短、死亡率高的特点。

病禽精神沉郁，发热，呆立，翅下垂，缩头闭眼，饮食减少或废绝，排灰白色或黄绿色稀粪。胸腹背部羽毛大片脱落，胸腹部及股内侧皮下水肿呈紫黑色，破溃后流出茶色或紫红色液体污染周围羽毛。部分病禽头颈、翅膀背侧和腹面、翅尖、尾、脸、背和腿等处皮肤上有大小不等的出血灶和炎性坏死，局部干燥，结痂；跛行，多为 1 条腿 1 个关节（踝关节、趾趾关节）。

（2）脐炎型：多见于刚出壳后 1 周内的雏禽，病程短，死亡率高，一般在2~5 d内死亡。病禽精神萎靡，体质瘦弱，食欲废绝，卵黄吸收不良，腹部膨大，脐孔肿大发炎，局部呈黄红色或紫黑色，触摸硬实，俗称“大肚脐”。常因败血症死亡。

（3）关节炎型：雏禽和成年禽均可发生，肉仔鸡多发，青年鸭、鹅和成年鸭、鹅因病淘汰。

病禽关节肿胀、发热、疼痛，如胫关节、趾关节和跗关节肿大，触之有热痛和波动感；肌腱、腱鞘呈炎性肿胀，肿胀部位呈紫色或紫黑色，久之肿胀部位发硬，有的溃烂后形成黑色结痂，跛行，行动不便，采食困难，卧地不起，逐渐消瘦衰竭死亡。有时胸部龙骨发生浆液性滑膜炎。

（4）皮炎型：病死率高，病程多为2~5 d。

病禽精神沉郁，羽毛松乱，腹泻；头颈部、翅膀背侧、腹胸部皮肤及大腿内侧皮下肿胀、出血、炎性坏死等。手触肿胀部有波动感，溃烂后流出茶色或紫红色液体污染周围的羽毛。

（5）眼炎型：初期以眼结膜炎为主，一侧或两侧结膜发炎，红肿，流出黄色的脓性黏液，上下眼睑黏合，眶下窦肿胀；后期眼球下凹、干缩，失明。

143. 禽葡萄球菌病的病理变化有哪些？

（1）败血型：整个胸腹部及皮下充血、出血，呈弥漫性紫红色，皮下有黄红色胶冻样水肿液；肝脏、脾脏肿大，呈紫红色，有白色坏死点散在；心包积液，心冠脂肪及心外膜有时出血；肠黏膜充血、出血，泄殖腔黏膜出血、溃疡、坏死等；腹腔有腹水和纤维素性渗出物等。

（2）脐炎型：脐部肿大，呈紫红色或紫黑色，暗红色或黄红色液体转变为脓性干酪样物；卵黄吸收不良，呈黄红色或黑灰色，液体状或内混絮状物；肝脏表面有出血点。

（3）关节炎型：关节肿胀，关节腔内有干酪样物或脓样物，关节周围结缔组织增生、畸形，部分关节肿大，滑膜增厚，充血或出血。

（4）皮炎型：头颈部、翅膀背侧、胸腹部皮肤及大腿内侧皮下充血、出血、水肿，切开肿胀部位可见大量的黄色或粉红色胶冻样液体；部分病例皮肤干燥，胸肌、腿肌有出血斑或带状出血，肌肉呈紫红色，肝脾肿大，肠黏膜呈卡他性炎症。

（5）眼炎型：多数病鸡为眼结膜炎，流淡黄色脓性分泌物；少数病鸡胸腹部皮下有出血斑点，心冠脂肪有少量出血点。

144. 禽葡萄球菌病如何治疗?

（1）抗微生物药饮水或拌料，配合具有清热解毒、凉血止痢的中药治疗，连用 3~5 d。

【处方 1】金荞麦散：金荞麦。

【用法与用量】治疗，以 0.2%的比例拌料，连喂 3~5 d。预防，以 0.1%的比例拌料，连喂 3 d。

【应用】可使用金荞麦全草（根、茎、叶、花）制剂或根制剂。

【处方 2】复方三黄加白汤：黄连、黄柏、黄芩、白头翁、陈皮、香附、厚朴、茯苓、甘草各 200 g。

【用法与用量】共煮水，供体重 1 kg 以上 1 000 只病鸡 1 d 饮用，连用 3 d。

【应用】用本方治疗鸡葡萄球菌病，2 d 后病情得到控制，7 d 后痊愈。共治疗 11 群鸡 2 110 多只，均取得满意效果。

【处方 3】加味三黄汤：黄芩、黄连叶、焦大黄、黄柏、板蓝根、茜草、大蓟、车前子、神曲、甘草各等份。

【用法与用量】按每只鸡每天 2 g 煎汁拌料，每天 1 剂，连喂 3 d。预防用半量。

【应用】用本方治疗鸡葡萄球菌病，效果显著。

【处方 4】四黄小蓟饮：黄连、黄芩、黄柏各 100 g，大黄、甘草各 50 g，小蓟（鲜）400 g。

【用法与用量】连煎 3 次，得药液约 5 000 mL，供 1 600 只雏鸡自饮，每天 1 剂，连喂 3 d。

【应用】用本方治疗艾维因肉雏鸡葡萄球菌病，3 d 控制病情，第4天鸡群停止死亡，取得了良好的治疗效果。

【处方5】金银花2 g，连翘、栀子、甘草各0.5 g，紫花地丁1 g。

【用法与用量】为1只份每天用量，水煎2次饮用，连用3~5 d。

【处方6】蒲公英1.5份，野菊花、黄芩、紫花地丁、板蓝根、当归各1份。

【用法与用量】粉碎混匀，按1.5%的比例混饲，每天3次，连喂7 d为1个疗程。隔7 d再服。

【应用】用本方治疗葡萄球菌病鸡效果良好。

【处方7】鱼腥草、麦芽各90 g，连翘、白及、地榆、茜草各45 g，大黄、当归各40 g，黄柏50 g，知母30 g，菊花80 g。

【用法与用量】粉碎混匀，按每只鸡每天3.5 g拌料喂服，4 d为1个疗程。

【应用】用本方治疗葡萄球菌病鸡，服药后6 d控制病情，第8天症状完全消失。对氯霉素等抗生素治疗效果不明显的病鸡表现出较好的疗效。

【处方8】金银花150 g，连翘、栀子、紫花地丁各100 g，甘草50 g。

【用法与用量】按照比例粉碎后，内服2~3 g/只，连用3~5 d。

【处方9】金银花40 g，栀子、黄连各20 g，黄柏、连翘、菊花、甘草各30 g。

【用法与用量】煎汤，供100只仔鹅1次饮服。

【应用】用本方治疗曾用青霉素、链霉素、土霉素治疗效果不佳的1 000余只葡萄球菌病仔鹅，隔离发病鹅，彻底清除粪便、垫料，用0.3%过氧乙酸带鹅消毒，每天1次，连续5 d，并在饲料中添加维生素，第3天病鹅停止死亡，第7天剩余病鹅全部治愈。抑菌实验表明病例分离菌株对本方高度敏感。

【处方10】金银花、连翘、菊花、黄柏、甘草各30 g，黄连20 g。

【用法与用量】加水2 000 mL浸泡2 h，煎至1 000 mL，倒出药液，以同样的方法第 2 次再煎药液 1 000 mL，两次药液混合，供 100 只鹅自饮，对病情严重的灌服，每天 1 剂，连用 5 d。

【功效】清热解毒。

【应用】用本方治疗鹅葡萄球菌病，用药 3 d 后病鹅停止死亡，第 7 天全部治愈。

（2）严重感染时，肌内注射庆大霉素注射液、阿米卡星注射液或卡那霉素注射液等。

1）庆大霉素注射液：雏禽 0.2 万~0.4 万 IU/只，每天 1 次，连续治疗 2~3 d。

2）阿米卡星注射液：2 万~4 万 IU/kg 体重，每天 1 次，连续治疗 2~3 d。

3）卡那霉素注射液：雏禽 0.5 万~0.8 万 IU/只，每天 1 次，连续治疗 2~3 d。

145. 什么是坏死性肠炎？

坏死性肠炎是由 A 型或 C 型产气荚膜梭菌及其产生的毒素引起禽的一种急性细菌病，又名肠毒血症、烂肠症，以排黑色间或混有血液的粪便，肠道黏膜水肿、坏死为特征。

本菌由于产生芽孢，对外界具有较强的抵抗力，引起家禽坏死性肠炎的是 A 型和 C 型产气荚膜梭菌。

本病经消化道感染，病禽、带菌禽及被病原菌污染的尘埃、污物、垫料是本病的传染源，7~12 周龄火鸡及种鸭易感，以 2~8 周龄肉鸡、雏鸡、青年鸡、蛋鸡及种鸭多发，雏鸭很少发病，鹅一般发病在 15~45 日龄，45 日龄以上的鹅零星发生。

146. 坏死性肠炎的临床症状有哪些？

（1）鸡坏死性肠炎：急性发病鸡精神沉郁，眼半闭合或闭合，采食量和饮水量减少，排红褐色或黑褐色焦油样粪便，或混有脱落的肠黏膜组织。慢性病鸡生长受阻，排灰白色稀粪，终因衰竭死亡。耐过鸡发育不良，肛门四周被粪污染。

（2）种鸭坏死性肠炎：病鸭初期采食量无明显变化，无症状，突然死亡，病程较长。后期病鸭精神萎靡，食欲下降或废绝，体质衰弱，不能站立，排黑色间或混有血液的粪便，肛门周围常沾有粪便；鼻腔流棕褐色液体，口吐黑色液体。蛋鸭产蛋率急剧下降，种蛋受精率和孵化率下降，弱雏多。

147. 坏死性肠炎的病理变化有哪些？

肠管扩张、变脆，管腔内充满恶臭的内容物，肠黏膜充血、坏死，黏膜附有假膜，剥离假膜后，肠黏膜可见卡他性炎症或坏死性炎症，肠系膜多数水肿；腹腔内有污浊、恶臭的炎性渗出物等。

种鸭卵泡出血、变形、坏死，输卵管水肿、充血、出血，内有干酪样坏死物。

148. 坏死性肠炎如何治疗？

发病后，全群给药进行治疗。

（1）选用敏感的抗微生物药饮水或拌料；严重病例肌内注射庆大霉素、头孢噻呋钠等。

（2）选用清热解毒、燥湿止痢的中药制剂治疗。

【处方1】白龙散：白头翁600 g，龙胆300 g，黄连100 g。

【用法与用量】禽1~3 g/只。

【处方2】白头翁散：白头翁、秦皮各60 g，黄连30 g，黄柏45 g。

【用法与用量】禽2~3 g/只。

【处方3】金叶清瘟散：金银花、大青叶各320 g，板蓝根、柴胡各240 g，蒲公英、紫花地丁、连翘、甘草各160 g，鹅不食草128 g，花粉、白芷各120 g，防风80 g，赤芍48 g，浙贝母112 g，乳香、没药各16 g。

【用法与用量】混饲，禽每1 kg饲料5~10 g。

【处方4】清瘟治痢散：大青叶、板蓝根、拳参、绵马贯众、白头翁各15 g，紫草、地黄、玄参、黄连、木香、柴胡各10 g，甘草

6 g。

【用法与用量】混饲，鸡每 1 kg 饲料 5 g。

【处方 5】驱球止痢散：常山 960 g，白头翁、龙牙草、马齿苋各 800 g，地锦草 640 g。

【用法与用量】混饲，禽每 1 kg 饲料 2～2.5 g（球虫感染为主时）。

【处方 6】白马黄柏散：白头翁、黄柏各 300 g，马齿苋 400 g。

【用法与用量】禽 1.5～6 g/只。

【处方 7】杨树花口服液：杨树花。

【用法与用量】混饮，禽每 1 L 水 1～2 mL（每 1 mL 相当于原生药材 1 g）。

【处方 8】锦板翘散：地锦草 100 g，板蓝根 60 g，连翘 40 g。

【用法与用量】禽 3～6 g/只。

【处方 9】金银花、连翘、莱菔子（炒）各 30 g，牡丹皮、黄芩各 15 g，柴胡 18 g，桑白皮、枇杷叶、甘草各 12 g。

【用法】加水煎至 1 000 mL，为 500 只 1 日量，每天 1 剂，分 4 次拌料喂服，连用 4 d。

【处方 10】鱼腥草 360 g，蒲公英 180 g，黄芩、桔梗、葶苈子、苦参各 90 g。

【用法】混合粉碎，按 0.5～1 g/只拌料喂服，每天 3 次，连用 5 d。

【处方 11】青蒿、苦参、野菊花各 15 g，常山 25 g，柴胡 9 g，地榆炭、白茅根各 10 g。

【用法与用量】上药粉碎过筛、混匀，混饲，预防按 0.5%的比例，连用 5 d；治疗按 1%的比例，连用 8 d。

【应用】此方对球虫病及球虫病继发鹅的坏死性肠炎有明显防治效果，预防率达 98%以上，治愈率达 95%。

【处方 12】金连散：金银花、黄连、连翘、乌梅各 10 g，诃子、白矾、枳壳各 9 g，地榆 12 g，焦三仙 45 g，陈皮、黄芪各 8 g（河南省现代中兽医研究院研制）。

【用法与用量】禽1~3 g/只。

【应用】治疗禽腹泻、坏死性肠炎等，连用3~5 d。

【处方13】青胆散：青蒿、血见愁各10 g，苦参、龙牙草、地锦草、白头翁各9 g，地胆草、柴胡各8 g，太子参6 g（河南省现代中兽医研究院研制）。

【功效】清热凉血，杀虫止痢。

【用法与用量】禽0.5~3 g/只。

【应用】治疗坏死性肠炎、球虫病及坏死性肠炎与球虫病混合感染引起的肠毒综合征，连用4~5 d。

【处方14】公英金杨散：金樱子、杨树花、蒲公英、地锦草、地榆炭、石榴皮各12 g，白头翁、黄芩、葛根各9 g，诃子11 g，黄连7 g（河南省现代中兽医研究院研制）。

【功效】清热凉血，燥湿止痢。

【主治】肠炎、顽固性腹泻等。

【用法与用量】禽0.5~2 mL/只。

149. 什么是禽曲霉菌病？

禽曲霉菌病是由曲霉菌属感染禽类所致呼吸系统及多组织器官病变的一种疾病，又名曲霉菌性肺炎、雏鸡肺炎。

本病主要侵害幼龄家禽，临床典型特征为喘气、咳嗽，典型病理特征为肺、气囊及胸腹腔浆膜表面形成曲霉菌性结节或菌斑。

各种禽均易感，尤其是1~20日龄的雏禽最易感，日龄越小，发病率和死亡率越高，病禽、霉变的饲料及被霉菌污染的垫料、孵化器、饮水、空气、种蛋等是主要传染源，以呼吸道感染为主，通过吸入携带曲霉菌孢子的空气而感染，还可以在蛋中感染，也可经消化道与被污染的孵化器传染。

150. 禽曲霉菌病的临床症状有哪些？

病禽精神不振，羽毛松乱，翅膀下垂，呆立，食欲减退或拒食，饮欲增加，拉黄色或蓝绿色稀粪便，生长停滞，消瘦；鼻孔流浆液性鼻涕，咳嗽，呼吸困难，严重时头颈伸直，张口呼吸，发出怪叫声；流泪，结膜潮红、充血、肿胀，眼睑粘连闭合，眼睑内有灰白色或黄色干酪样物，呈绿豆粒大小隆起，角膜混浊，有的角膜中央溃疡，有的失明。

部分病禽表现为神经症状，如扭颈、头向后背、转圈、共济失调、全身痉挛等。

严重时，病禽头、眼睑和上颈部明显水肿；口角、咽喉、口盖等处均附有较厚的灰白色或黄色假膜状物。

成年病禽冠和肉髯暗红或发紫，有时可见局部坏死等。患病蛋禽产蛋减少或停产，病程数天至数月，若种蛋及孵化时受霉菌侵害，则孵化率下降，胚胎死亡率增加。

151. 禽曲霉菌病的病理变化有哪些？

禽曲霉菌病以肺、气囊、腹腔和胸腹腔内脏浆膜面形成曲霉菌性结节或菌斑为病理特征。

肺脏形成典型的霉菌结节，肺脏的霉菌结节形状与大小不一，结节颜色呈多样化，如黄白色、淡黄色、灰白色，散在分布于肺，结节的硬度似橡皮样或软骨样，切开可见层次结构，中心为干酪样坏死组织，内含大量菌丝体，外层为类似肉芽组织的炎性反应层。少数霉菌病灶融合成团。严重时，肺脏钙化，有的病例呈局灶性或弥漫性肺炎变化。

气囊壁、腹腔和胸腹腔浆膜的霉菌结节与肺脏相似。气囊壁点状或局限性混浊，增厚，表面形成大小不一的曲霉菌性结节，或气囊壁可见肥厚隆起的圆形霉菌斑，隆起中心凹下呈深褐色或烟绿色，拨动时见粉状飞扬。有时二者病变同时存在。

鼻黏膜上覆盖污灰色坏死假膜，或黄色假膜，将鼻道完全阻塞，假膜剥离后鼻道黏膜呈弥漫性出血。

口角、喉头、气管、支气管等处有较厚的灰白色或黄色假膜状物，剥离后常见出血斑。部分病例可见气管、支气管黏膜充血，内有淡灰色渗出物；胸前皮下和肌肉等处有大小不等的圆形或椭圆形肿块。

消化器官如食道、肌胃、腺胃、肠管浆膜等及心脏、肾脏等处可见大小不一的霉菌结节。部分病例腺胃黏膜有出血烂斑，腺胃与肌胃交界处有大小不等的出血或溃疡；小肠、直肠黏膜出血等。

肝肿大2~3倍，质脆呈古铜色，有暗红色出血斑点，有霉菌结节或弥散型的类肿瘤病状。

大脑脑回有粟粒大的霉菌结节，大小脑轻度水肿，表面针尖大出血，黄豆粒大的淡黄色坏死灶。

152. 禽曲霉菌病如何治疗？

（1）制霉菌素每100只雏禽用50万~100万IU，拌料喂服，日服2次，连用2~3 d，或克霉唑每100只雏鸡1 g，拌料内服，连用2~3 d，或1∶3 000的硫酸铜溶液或0.5%~1%的碘化钾溶液饮水，连用3~5 d。也可以采用生物脱霉剂治疗。

（2）中药辅助治疗。

【处方1】鱼腥草100 g，肺形草60 g，蒲公英、山海螺各50 g，桔梗、筋骨草各40 g。

【用法与用量】混合粉碎后，拌料40~50 kg喂服，连用5~7 d。预防时，拌料100 kg，连用3~4 d。

【应用】用本方治疗鸡曲霉菌病，效果显著。

【处方2】桔梗250 g，蒲公英、鱼腥草、苏叶各500 g。

【用法与用量】以上为1 000只鸡1 d用量，用药液拌料喂服，每天2次，连用1周。

【处方3】鱼腥草100 g，蒲公英50 g。

【用法与用量】以上为100只鸡1 d用量。煎汤取汁，盛入饮水器代替饮水，连服2周。

【应用】用此方治疗鸡曲霉菌病，效果良好。配合肌内注射鱼腥草注射液，每次每只0.3 mL，每天3次，连用7 d，效果更好。

【处方4】鱼腥草360 g，蒲公英180 g，黄芩、葶苈子、桔梗、苦参各90 g。

【用法与用量】以上为 20 只雏鸡用量，每只病鸡每次 0.1 g，每天 3 次，连服 3 d。

【应用】用本方治疗曾用多种抗生素治疗无效的雏鸡曲霉菌病，治愈率为 96.8%。

【处方 5】桔梗 2 份，连翘 3 份。

【用法与用量】混合粉碎，在饲料中按 0.5%添加，连用 5 d。

【应用】用本方同时配合使用西药治疗：以含螺旋霉素 0.04%的水溶液供鸡自由饮用，药液现用现配，连续饮用 5 d。治疗 1 d 后，产蛋量即有所回升，治疗 5 d 后，产蛋率恢复到病前状况，并追踪观察至 4 周，未见异常变化。

【处方 6】金银花、蒲公英、莱菔子（炒）各 30 g，牡丹皮、黄芩各15 g，柴胡、知母各 18 g，生甘草、桑白皮、枇杷叶各 12 g，鱼胆草 50 g。

【用法与用量】将上药煎汤取汁 1 000 mL，拌料供 100 只鸡 1 次服用，每天 2 次。

【应用】用本方治疗鸡曲霉菌病，效果良好。

【处方 7】独活寄生汤加减：独活、当归、车前子、薏苡仁各 100 g，桑寄生 160 g，秦艽、防风、川芎、杜仲、防己、芍药各60 g，细辛 18 g，牛膝、生地黄各 50 g，党参 140 g，甘草 45 g，苍术 80 g，莱菔子 250 g。

【用法与用量】水煎，供 420 只鸡 1 次投服。

【应用】用本方治疗黄曲霉毒素中毒鸡 414 只，治愈率为 98.6%。

【处方 8】柴胡、黄芩、黄芪各 70 g，防风、丹参各 40 g，泽泻 60 g，五味子 30 g。

【用法与用量】水煎，供 500 只肉雏鸡 1 次内服。对于无法采食和饮水的弱雏，人工灌服。

【应用】用本方治疗鸡曲霉毒素中毒，4 h 后死亡得到控制，连续用药 5 d，鸡群恢复健康。

【处方 9】黄芩 40 g，鱼腥草 60 g。

【用法与用量】水煎，取汁，拌料供 100 只鸡 1 次服用，每天 2 次。

【应用】用本方治疗鸡曲霉菌病，连续用药 5 d，鸡群恢复健康，有效率为 97.6%。

153. 什么是传染性鼻炎？

传染性鼻炎（IC）是由副鸡嗜血杆菌引起鸡的一种急性呼吸道疾病，临诊症状为鼻腔和窦的炎症，表现流涕、面部水肿和结膜炎，主要引起蛋鸡产蛋率下降（10%~40%）、育成年鸡生长不良。

病鸡和带菌鸡是主要传染源，以飞沫、尘埃经呼吸道传染为主，被污染的饮水、饲料等可经消化道传播，麻雀也可能成为传播媒介，各种年龄的鸡都易感，4~13 周龄的鸡最易感，产蛋期蛋鸡感染较为严重。

本病发病率呈上升趋势，呈地方流行性，四季均可发病，具有发病率高和死亡率低的特点，产蛋鸡感染较严重，目前育成年鸡感染发病呈上升趋势。

154. 传染性鼻炎的临床症状有哪些？

本病潜伏期为 1~3 d，传播快。

病鸡以鼻炎和鼻窦炎为主，肉鸡及蛋雏鸡生长不良，产蛋鸡开产推迟或蛋鸡产蛋率下降，种鸡受精率、孵化率下降，弱雏较多。

病鸡采食量、饮水量减少，腹泻，多数排绿色稀粪。初期病鸡精神不振，流泪，眼眶聚集泪泡，打喷嚏，甩头，鼻涕清稀至黏稠、脓性，脓性物干后在鼻孔四周凝结成淡黄色的结痂。后期病鸡为结膜炎、红眼和肿胀，颜面部、肉髯和眼周围肿胀如鸽卵大小，延及颈部、颌下和肉髯的皮下组织水肿，炎症蔓延到下呼吸道时，咽喉被分泌物阻塞，呼吸困难，频频摇头，终因窒息死亡。

155. 传染性鼻炎的病理变化有哪些？

颜面部和颌下皮下组织水肿，呈胶冻样，病程较长时，呈白色干酪样；眼结膜出血、肿胀；鼻腔和鼻窦黏膜呈急性卡他性炎症，黏膜充血肿胀，表面覆有大量黏液，窦内有淡黄色或灰白色豆腐渣样的渗出物凝块或大小不一的干酪样坏死；气管黏膜充血、出血，内有黏稠分泌物；卵泡变性、坏死和萎缩等。

156. 传染性鼻炎如何治疗？

对于发病急的鸡群可以肌内注射敏感的抗生素，全群可采取以下治疗方案：

（1）抗微生物药饮水或拌料，连用 5~7 d。

（2）采用解毒化痰、止咳平喘的中药制剂治疗。

【处方 1】鼻炎宁散：紫菀 25 g，紫花地丁、金银花各 15 g，麻黄、连翘各 20 g，蒲公英 5 g。

【用法与用量】混饲，鸡 0.5 g，连用 3~5 d。

【处方 2】加味麻杏石甘散：麻黄、苦杏仁、石膏、浙贝母、桔梗、连翘、白花蛇舌草、枇杷叶、山豆根、甘草各 30 g，金银花 60 g，青叶 90 g，黄芩 50 g。

【用法与用量】拌料或煎汁饮水，鸡 0.5~1.0 g/只，连用 3~5 d。

【处方 3】穿鱼金荞麦散：蒲公英、桔梗、黄芩各 80 g，甘草、桂枝、麻黄、板蓝根、野菊花、辛夷各 50 g，苦杏仁 35 g，穿心莲 100 g，鱼腥草 120 g，金荞麦 100 g，冰片 5 g。

【用法与用量】混饲，鸡每 1 kg 饲料 10 g，连用 5~7 d。

【处方 4】辛夷散：辛夷 15 g，苍耳子、白芷、薄荷各 7 g，郁金、沙参、酒知母、酒黄柏各 9 g，白矾、生甘草各 6 g。

【用法与用量】水煎 2 次，供 100 只 1.5 kg 左右的鸡自饮，雏鸡酌减，每天 1 剂，连用 3 d。预防用半量，间断喂服。

【应用】用本方治疗鸡传染性鼻炎 5 000 只左右，均收到满意疗效。

【处方5】辛夷花、苍耳子、防风、生地黄、赤芍各200 g，白芷、桔梗、半夏、葶苈子、薄荷、茯苓、泽泻、甘草各120 g，黄芩300 g。

【用法与用量】粉碎混匀，按每只鸡每天3 g用沸水浸泡2 h，取汁使每1 mL含生药1 g，一次加水饮服，重病鸡用滴管灌服3~4 mL，药渣拌入料中喂服。

【应用】用本方治疗鸡传染性鼻炎，用药6~7 d，治愈率93.3%。配合西药畜禽康、硫酸链霉素注射液治疗，治愈率可升至99.3%。

【处方6】辛夷、白芷、生姜各30 g，半夏、黄芩、葶苈子、桔梗各20 g，猪苓、泽泻、甘草各15 g。

【用法与用量】粉碎混匀，供100只鸡拌料喂服。对于严重不食的病鸡，水煎灌服，每只鸡20 mL。

【处方7】夏枯草、白花蛇舌草、贯众、鱼腥草各210 g，黄芩、连翘各180 g，桔梗、半夏各150 g，杏仁、知母各120 g，陈皮、甘草、金银花各90 g，板蓝根350 g，橘红80 g。

【用法与用量】水煎，分2~3次供1 000只鸡饮服，每天1剂，连用3~5 d。

【应用】本方适应证：采食量、饮水量减少，呼吸道有啰音(10%~30%鸡)，产蛋率下降，蛋壳质量下降、颜色变浅，拉黄白色水样稀粪。

【处方8】白芷、防风、益母草、乌梅、猪苓、诃子、泽泻各100 g，辛夷、桔梗、黄芩、半夏、生姜、葶苈子、甘草各80 g。

【用法与用量】粉碎过筛，混匀，供100只鸡3 d拌料喂服，连用3剂。预防用半量，间断喂服。

【应用】用本方治疗鸡传染性鼻炎，病情得到了良好的控制。

157. 什么是滑液囊支原体感染？

滑液囊支原体感染（MS）是由滑液囊支原体引起鸡和火鸡的一

种慢性传染病，也称为传染性滑膜炎，主要侵害关节的滑液囊膜及腱鞘，导致关节肿胀、行走困难；鸡消瘦，胸骨囊肿，蛋鸡产蛋期无高峰或蛋壳质量差等，引起上呼吸道感染、气囊炎。

近年来，引起关节病和淀粉样变性与引起蛋壳尖端异常和产蛋下降的 MS 感染的发病率逐渐增加，肉鸡和产蛋鸡发病呈上升趋势，3~16 周龄蛋鸡、土鸡多发，主要通过气溶胶和被污染的饲料和水进行水平传播，也可垂直传播，受污染的疫苗也是传播的一个因素。

158. 滑液囊支原体感染的临床症状有哪些?

MS 虽然只有一个血清型，但不同菌株间毒力差异较大，临床表现为气囊炎和以滑膜炎为主的关节肿大，导致鸡行走困难和生长受阻，也有二者兼有。

关节型病例早期鸡的精神正常，采食正常，无明显临床症状，个别鸡体重较轻，手抓骨感明显。病程较长时可见鸡精神不振、食欲下降，鸡冠苍白，跛行，关节发生肿胀，特别是飞节和脚垫的关节。近年来，引起关节病和淀粉样变性与引起蛋壳尖端异常和产蛋下降的 MS 感染的发病率逐渐增加。

呼吸型病例主要表现为打喷嚏、咳嗽，常在受到疫苗接种、气温骤降等应激后表现为呼吸道症状。MS 临床危害主要造成产蛋下降、生长迟缓、孵化率降低、气囊炎和关节炎病变导致屠宰时胴体评分降低。

在种鸡上，MS 感染通常是亚临床感染，可导致种蛋孵化率降低 10%~20%，死胚率增加 5%~10%，弱雏率增加 10%左右。同时也在后代复杂的呼吸道疾病和跛腿中起重要作用，这也是种鸡要净化 MS 的重要因素。

在蛋鸡上，MS 的主要危害是造成产蛋下降，一般下降 5%~15%。对产蛋质量和数量的影响主要取决于 MS 菌株的毒力、应激程度和感染时间。如果在育成期感染，相对损失较小；如果在产蛋期感染，可导致鸡群无产蛋高峰，若在产蛋高峰期感染，会造成严重产蛋下降。多数情况下，产蛋率可以恢复，但很难达到正常水平。

159. 滑液囊支原体感染的病理变化有哪些？

感染MS的鸡病变主要为关节和龙骨的滑膜炎。关节肿胀，滑膜增厚，初期可见透亮、增多的黏稠渗出液，病程较长时则为灰白色干酪样渗出物，渗出液常存在于腱鞘和滑液囊膜。

慢性病例胸部龙骨囊肿，体形瘦小。

呼吸道病例可见气囊炎病变，脾脏、肝脏、肾脏肿大，肾脏颜色苍白，胸腺、法氏囊萎缩等。

滑液囊支原体感染治疗方案参考鸡毒支原体感染。

160. 什么是鸡毒支原体感染？

鸡毒支原体感染（MG）是鸡和火鸡的慢性呼吸道病，也称为慢性呼吸道病（CRD），其主要特征是咳嗽、流鼻液、呼吸道啰音、张口呼吸、眶下窦肿胀；火鸡主要表现为气囊炎、鼻窦炎。

本病病程长，呈地方流行性。病鸡和隐性感染鸡是主要传染源，属于典型的垂直传播，也可通过被污染的尘埃、飞沫、饲料、饮水等经呼吸道和消化道而感染，不同品种、日龄的鸡均可感染，以4~8周龄的鸡和火鸡最易感，成年鸡多为隐性感染，目前肉鸡及20~90日龄的青年鸡发病呈上升趋势。

近几年肉鸡发生的支气管栓塞症、黑心肺、气囊炎等及蛋鸡肿头肿脸症常检测到MG病原的存在。

鸭支原体病参考鸡毒支原体感染。

161. 鸡毒支原体感染的临床症状有哪些？

病鸡精神沉郁，生长迟缓，渐进性消瘦，零星死亡；眼圈周围皮肤发紫，眼睛分泌物有气泡，鼻腔流黏液性鼻液，造成鼻孔堵塞引起呼吸困难，频频摇头，打喷嚏，咳嗽，窦炎、结膜炎和气囊炎，当炎症蔓延至下部呼吸道时，则喘气和咳嗽更为显著，并有呼吸道啰音。后期因鼻腔和眶下窦中蓄积渗出物导致眼睑肿胀，甚至蓄积物突出眼球外似“金鱼眼”，导致失明；有时可见关节炎，出现跛行、站立不稳等。

蛋鸡产蛋率下降，种鸡产蛋率、受精率、孵化率下降等。

162. 鸡毒支原体感染的病理变化有哪些?

眼结膜潮红，肠系膜附有黄白色干酪样物；呼吸道黏膜水肿、充血、肥厚，窦腔内充满黏液或豆腐渣样分泌物或干酪样渗出物；气囊壁混浊、增厚，气囊内有黄白色气泡，气囊壁有干酪样渗出物附着，气囊内和腹腔内有黄白色豆腐渣样渗出物或片状物。

163. 鸡毒支原体感染如何治疗?

(1) 抗微生物药饮水或拌料，如沃尼妙林、泰万菌素、泰妙菌素、林可霉素、泰乐菌素、氟苯尼考、硫氰酸红霉素、盐酸多西环素等，配合使用半胱氨酸盐酸盐及氯化铵等饮水。

(2) 酵母免疫蛋白饮水。

(3) 采用解毒化痰、止咳平喘的中药制剂治疗。

【处方 1】清肺止咳散：桑白皮、前胡、连翘、橘红各 30 g，知母、苦杏仁、桔梗各25 g，金银花 60 g，甘草 20 g，黄芩 45 g。

【用法与用量】禽 1~3 g/只。

【处方 2】麻黄鱼腥草散：麻黄、黄芩、穿心莲、板蓝根各 50 g，鱼腥草 100 g。

【用法与用量】混饲，鸡每 1 kg 饲料 15~20 g。

【处方 3】镇喘散：香附、干姜各 300 g，黄连 200 g，桔梗150 g，山豆根、甘草各100 g，皂角、合成牛黄各 40 g，蟾酥、雄黄各 30 g，明矾 50 g。

【用法与用量】鸡 0. 5~1. 5 g/只。

【处方 4】呼炎康散：麻黄 24 g，苦杏仁、桔梗、连翘各 50 g，生石膏 90 g，甘草、黄芩各 60 g，板蓝根、鱼腥草各 80 g，山豆根、射干各 75 g。

【用法与用量】内服，鸡每 1 kg 体重 1 g，连用 5 d。

【处方 5】清肺散：鱼腥草 100 g，黄芩、连翘、板蓝根各 40 g，麻黄、款冬花、甜杏仁、桔梗、生甘草各25 g，贝母、姜半夏各30 g，枇杷叶90 g。

【用法与用量】25~30日龄肉鸡按每只每日1 g，水煎2次，合并滤液，分上、下午混入饮水中饮服，连用4~6 d为1个疗程。

【应用】用本方治疗65群28 390只肉鸡慢性呼吸道疾病，总有效率为98.5%。

【处方6】金芩蓝口服液：金银花、黄芩、板蓝根各250 g，连翘500 g。

【临床应用】多用于治疗慢性呼吸道病、传染性喉气管炎、传染性支气管炎等引起的咳喘症。

【用法与用量】混饮，1 000 mL药液兑水500 kg，连用5 d。

【处方7】百咳宁：柴胡、荆芥、半夏、茯苓、甘草、贝母、桔梗、杏仁、玄参、赤芍、厚朴、陈皮各30 g，细辛6 g。

【用法与用量】粉碎过筛混匀，按每1 kg体重每天1 g加开水闷30 min，药液加适量水供饮用，药渣拌料喂服。

【应用】用本方治疗150余万只呼吸道疾病（慢性呼吸道病、鸡传染性喉气管炎、鸡传染性支气管炎、鸡传染性鼻炎）病鸡，通过对90个养鸡场（户）的5万余只病鸡的跟踪调查，治愈率在92%以上。

【处方8】加减厚朴麻黄汤：厚朴15 g，麻黄、杏仁、浮小麦各9 g，石膏24 g，半夏12 g，干姜、五味子各6 g，细辛3 g。

【用法与用量】水煎去渣，供200只20日龄内雏鸡一半混饮、一半混饲，连服4剂。

【应用】用本方治疗鸡呼吸系统疾病25 923例，治愈率为98.7%，有效率为99.21%。寒甚者重用干姜，稍减石膏；热甚加瓜蒌、黄连，减干姜；风寒所致者加辛夷、桔梗；风热所致者加柴胡、前胡。

【处方9】大青叶、板蓝根各50 g，金银花30 g，桔梗、款冬花、杏仁、黄芩、陈皮各20 g，甘草5 g。

【用法与用量】粉碎后，以0.5%的比例混入饲料中连喂5~7 d。

【应用】用本方对80处中小型蛋鸡场的病鸡群进行治疗，证明有独特疗效，极大提高了治愈率。

【处方10】鱼腥草、桔梗、金银花、菊花、麦冬、半夏各100 g，黄芩、麻黄、杏仁、桑白皮各85 g，石膏60 g，甘草40 g。

【用法与用量】水煎取汁，供500只成年鸡1 d饮水，每天1剂，连用5~7 d。

【应用】用本方治疗蛋鸡慢性呼吸道病，用药3~5 d后临床症状减轻，7 d基本治愈。产蛋逐渐恢复。

【处方11】鱼芩连翘散：枯芩、鱼腥草、茵陈、板蓝根各12 g，苦杏仁、厚朴、陈皮、紫萁贯众、连翘各9 g，大青叶13 g，山豆根、桑白皮各11 g，贝母7 g（河南省现代中兽医研究院研制）。

【功效】清热宣肺、止咳平喘、理气化痰。

【用法与用量】0. 25~1. 5 mL/只，每天1次，连用3~5 d。

164. 什么是鸡弧菌性肝炎?

鸡弧菌性肝炎是由空肠弯曲菌引起的细菌性传染病，也称为鸡弯曲杆菌性肝炎、鸡传染性肝炎，具有高发病率、低死亡率及慢性经过的特点，以肝脏肿大、质脆易碎，表面形成星芒状或雪花状坏死灶为主要病理特征。

本病病程长，发病呈上升趋势，病鸡、带菌鸡和带菌动物是主要传染源，通过病原菌污染的饲料、饮水、垫料等经消化道传播，各种日龄鸡均易感，开产前后的鸡多发。

165. 鸡弧菌性肝炎的临床症状有哪些?

雏鸡以精神倦怠、沉郁、腹泻为特征，粪便呈黄褐色，浆糊样软便继而成水状。

青年鸡常呈亚急性或慢性，死亡率偏高。

产蛋鸡精神沉郁，体重减轻，鸡冠发白、干燥、萎缩，常有腹泻。刚开产母鸡开产推迟，砂壳蛋、软壳蛋增多，很难达到产蛋高峰；高峰期蛋鸡产蛋率下降25%~35%。零星死亡，泄殖腔外翻。

少数病鸡耐过后消化不良，终因营养不良而消瘦死亡。

166. 鸡弧菌性肝炎的病理变化有哪些？

本病的典型病变在肝脏，分为急性期、亚急性期和慢性期，病理变化有所不同。

（1）急性期：肝脏肿大，瘀血，边缘钝圆，表面有出血点或出血斑，黄白色星芒状小坏死灶散播于整个肝实质内；肝被膜下有大小不一的出血灶；有时出血和坏死灶同时存在。严重时，整个肝脏或局部性有黄白色星状或雪花状坏死灶。

（2）亚急性期：肝脏稍肿，呈黄褐色，边缘质硬，有时坏死区扩大至整个肝。

（3）慢性期：肝脏边缘锐利，实质脆弱或硬化，坏死灶呈灰白色至灰黄色，布满整个肝实质，呈网格状。肠管鼓胀，肠腔内有黏液和水样内容物，泄殖腔外翻；心包液增多，心肌呈黄褐色；脾脏肿大，呈斑驳状；胆囊充盈，胆汁稀薄；肾脏肿大，质脆，黄褐色或苍白，黄白色点状坏死灶散在；卵巢萎缩，输卵管黏膜出血，内有完整的蛋；常因肝脾破裂，形成血性腹水。

167. 鸡弧菌性肝炎如何治疗？

（1）选择敏感的抗微生物药饮水或拌料，配合促肝细胞生长素使用。

（2）可采用清热解毒、疏肝利胆的中药制剂治疗。

【处方1】大青叶、虎杖、大黄、柴胡、黄芩各10 g，茵陈、栀子、车前子各15 g。

【用法与用量】按100 kg饲料0.5~1 kg拌料混饲，连用5~7 d。

【处方2】枸杞子、白菊花、当归、熟地黄各75 g，黄芩、茺蔚子、柴胡、青葙子、草决明各50 g。

【用法与用量】水煎，供100只成年鸡1 d拌料喂服，连服12 d。

【应用】用本方治疗曾用土霉素等药治疗无效的病鸡效果显著，能使产蛋率回升。

【处方3】茵栀解毒颗粒：茵陈360 g，栀子、黄芩各180 g，虎杖、钩藤各200 g。

【用法与用量】混饮，0.5~0.75 g/d，连用3~4 d。

【处方4】板蓝根50 g，茵陈100 g，大黄、黄芩、黄柏各20 g，金银花40 g。

【用法与用量】煎汁，加白糖250 g，供500只鸡自饮，每天上午、下午各1次，连饮3 d。

【处方5】肝胆颗粒：板蓝根、茵陈各1 500 g。

【用法与用量】混饮，每1 L水，鸡1 g。

【处方6】加减茯白散：板蓝根15~25 g，白芍10~20 g，茵陈20~30 g，龙胆草10~15 g，党参7.5~15 g，茯苓7.5~15 g，黄芩10~20 g，苦参10~20 g，甘草10~30 g，车前草10~30 g，金钱草15~45 g（河南省现代中兽医研究院研制）。

【应用】对多因素如脂肪肝综合征、包涵体肝炎、心包积液综合征、鸭病毒性肝炎、肝炎-脾肿大综合征、鸭呼肠孤病毒病、弧菌性肝炎等引起的肝脏肿大等症具有治疗或缓解功效。

【用法与用量】0.5~2 mL/只，每天1次，连用5~7 d。

168. 什么是禽念珠菌病？

禽念珠菌病是由白色念珠菌引起的禽类上消化道的一种真菌病，又称为霉菌性口炎、鹅口疮、消化道真菌病、念珠菌口炎及酸臭嗉囊病等，以上消化道黏膜发生白色假膜和溃疡为特征。

本病常呈散发，病禽和带菌禽是主要传染源，消化道是主要传播途径，黏膜损伤有利于病原体侵入，也可通过蛋壳感染。雏鸽主要通过带菌的“鸽乳”传染。各种日龄禽均可感染，幼禽的易感性比成年禽高，2月龄内的幼禽多发，成年禽也可发病。

169. 禽念珠菌病的诊断要点有哪些？

病禽生长发育不良，精神沉郁，羽毛粗乱，食欲下降或废绝，饮水增多，嗉囊胀气或积液，常从口中流出酸臭液体，拉绿白混杂的稀粪；部分病禽出现呼吸急促，频频伸颈张口，发出咕噜声，声音嘶哑。

病禽口腔、食道或嗉囊黏膜增厚，黏膜表面形成白色圆形隆起、豆粒大结节的溃疡灶，随病程发展融合成易剥离的白色假膜，用力撕脱后可见红色的溃疡出血面。腺胃也可能见到上述病变，严重时腺胃壁穿孔，腺胃肌胃交界处出血，肌胃角质层下出血。

170. 禽念珠菌病如何治疗？

（1）制霉菌素按每1 kg饲料0.2~0.3 g拌料，连用2~3 d。

（2）硫酸铜按1∶1 000拌料混饲，连饮5~7 d。

（3）严重病例0.1%结晶紫滴服，1 mL/只，每天1次，连滴3~5 d。

（4）中药制剂治疗鸽、鹅口疮。

【处方】黄芪、白术、山药、灯心草、茯苓。

【用法与用量】按照每只0.3 g，童鸽每只0.5 g，煎汤投服，每天1剂。

【功效】清心利湿，敛疮生肌。

【应用】用于治疗鸽、鹅口疮，用药3 d，症状全部消失，食欲正常，可配合复合维生素B溶液1~3 mL，预防时自由饮水。

171. 什么是鸭传染性浆膜炎？

鸭传染性浆膜炎是由鸭疫里氏杆菌引起的主要侵害雏鸭的一种慢性或急性败血性传染病。多发生于1~8周龄的雏鸭，雏鸭以眼和鼻有分泌物、腹泻、共济失调、头颈震颤和抽搐为特征，慢性病例以斜颈等为临床特征；以纤维素性心包炎、肝周炎、气囊炎、干酪性输卵管炎、脑膜炎及眼结膜炎等为病理特征。目前各养鸭省区均有发生，发病率与死亡率均高，是危害养鸭业的主要传染病之一。

172. 鸭传染性浆膜炎的流行特点有哪些？

本病四季均可发病，无明显的季节性，病禽和带菌禽是主要传染源，呼吸道和皮肤伤口是主要传播途径，被病原菌污染的空气、水、饲料、飞沫、器械、工具、人员等是主要传播媒介，1~8 周龄雏禽易感，2~3 周龄雏鸭危害最大，1 周龄以内和 8 周龄以上鸭很少感染，目前有增加的趋势，成年蛋鸭发病常见。

本病的发病率和死亡率与感染鸭的日龄、病原毒力强弱、饲养管理水平、养殖环境、应激及有无其他疾病混合感染等因素密切相关，发病率高达 90%，死亡率不等，一般为 10%~20%，有时高达 90%以上；极易与鸭瘟、鸭流感、禽霍乱、葡萄球菌病等混合感染，造成死亡数量增加。

雏鹅感染本菌可发病，近几年发病有增加的趋势。

173. 鸭传染性浆膜炎的临床症状有哪些？

本病分为最急性型、急性型、慢性型。

（1）最急性型：鸭突然死亡，无症状。

（2）急性型：本类型多发生于 2~4 周龄雏鸭，发病迅速，发病率高，发病 1~3 d 内死亡，死亡率可达 80%。

病鸭精神沉郁，嗜睡，缩颈或嘴拱地面，两腿无力，行动迟缓或不愿行走，不食或少食；眼睛和鼻孔有浆液性或黏液性分泌物；拉绿色或黄绿色稀粪，肛门周围常污染粪便，部分雏鸭腹胀。病鸭濒死前共济失调，头颈颤抖，歪头斜颈，摇头摆尾或点头，最后全身痉挛性抽搐，呈角弓反张样，很快死亡。

（3）慢性型：多发生于 4~7 周龄的鸭，耐过鸭发育不良，消瘦。

病鸭精神沉郁，困倦，食欲减少，饮欲增加，缩颈，呆立，腿发软，喜卧，不愿运动，站立时共济失调呈犬坐姿势，痉挛性点头或摇头摆尾。部分病鸭呆立，呼吸困难，张嘴呼吸。少数病鸭头颈歪斜，遇到惊扰时不断鸣叫，跗关节肿胀，不愿走动，终因消瘦而死亡。

常与大肠杆菌病混合感染，造成蛋鸭产蛋量下降等。

174. 鸭传染性浆膜炎的病理变化有哪些？

特征性的病变为全身浆膜面的纤维素性渗出性炎症，以心包膜、肝脏表面及气囊上凝固的灰白色或黄白色的纤维素性渗出物沉着共同构成本病俗称的“三炎”（即心包炎、气囊炎、肝周炎）。

症状相对较轻的病例心包膜混浊、增厚，心包积液；气囊壁混浊、增厚、不透明；肝脏肿大、质脆，呈土黄色或棕红色，被膜增厚、不透明，呈黄白色；有的肺脏出血；脾脏肿大呈花斑状；胆囊充盈；纤维素性脑膜炎或脑膜充血、水肿或点状出血；关节肿胀，触之有波动感，关节液增多，呈乳白色，质地黏稠；输卵管炎性膨大，内有干酪样物蓄积；育肥肉鸭腹侧皮肤或脂肪呈黄色，似蜂窝织炎变化，坏死性皮炎。

175. 鸭传染性浆膜炎如何治疗？

免疫接种是预防本病的关键措施，发病后采取以下治疗方案综合治疗。

（1）选择敏感的抗微生物药饮水或拌料治疗。

（2）噬菌体饮水或拌料，配合促肝细胞生长素使用。

（3）采用清热解毒、止痢的中药制剂治疗。

【处方1】白马黄柏散：白头翁、黄柏各300 g，马齿苋400 g。

【用法与用量】禽1.5~6 g/只。

【处方2】白龙散：白头翁600 g，龙胆300 g，黄连100 g。

【用法与用量】禽1~3 g/只。

【处方3】白头翁散：白头翁、秦皮各60 g，黄连30 g，黄柏45 g。

【用法与用量】禽2~3 g/只。

【处方4】杨树花口服液：杨树花。

【用法与用量】混饮，禽每1 L水1~2 mL（每1 mL相当于原生药材1 g）。

【处方5】金叶清瘟散：金银花、大青叶各320 g，板蓝根、柴胡各 240 g，蒲公英、紫花地丁、连翘、甘草各 160 g，鹅不食草 128 g，花粉、白芷各 120 g，防风 80 g，赤芍 48 g，浙贝母 112 g，乳香、没药各 16 g。

【用法与用量】混饲，禽每 1 kg 饲料 5～10 g。

【处方 6】锦板翘散：地锦草 100 g，板蓝根 60 g，连翘 40 g。

【用法与用量】禽 3～6 g/只。

【处方 7】大青叶 1 000 g，鱼腥草、黄芩各 800 g，黄柏、苦参、丹参、茵陈各 500 g。

【用法与用量】煎汤，自由服用，连续 3～5 d。

【功效】清热解毒，活血化瘀。

【应用】用本方治疗曾用青霉素、链霉素、土霉素、地塞米松、穿心莲片等治疗无效的 1 000 只番鸭苗，用药 2 个疗程，同时肌内注射庆大霉素，全部康复。加强饲养管理，配合敏感药物效果更好。

【处方 8】黄连、金银花、桔梗、穿心莲、木香、黄芪各 9 g，黄柏、蒲公英、大黄、马齿苋各 15 g，连翘、苍术各 12 g，甘草 6 g。

【用法与用量】粉碎后，按照 2.5%～3.5% 拌料混饲，连用 3～5 d。

【处方 9】鲜桉叶、蒲公英、龙牙草、皮寒药各 500 g，陈皮 250 g。

【用法与用量】共煎水，供 100 只鸭 1 次饮服。

【功效】清热解毒，止血。

【应用】鸭传染性浆膜炎是由鸭疫巴氏杆菌引起的急性传染病，发病率和死亡率高，神经症状和呼吸困难为其主要临床特征。用本方治疗肉鸭传染性浆膜炎，治愈率为 40%。同时加强饲养管理，配合敏感药物效果更好。

【处方 10】黄连、白头翁、蒲公英各 30 g，青木香、鱼腥草、白芍、茯苓各 20 g，地榆炭、车前子各 15 g。

【用法与用量】加水煎汁，供 100 只鸭 1 次拌料喂服或直接灌服，每天 2 次，连用 4 d。

【功效】活血化瘀，温经止痛。

【应用】用本方治疗500多只鸭，同时用0.04%氯霉素拌料，5 d后随访，鸭群发病和死亡都得到控制。加强饲养管理，配合敏感药物效果更好。

【处方11】菊黄散：黄连、野菊花、赤芍、栀子、黄芩、黄柏、金银花、板蓝根、绵马贯众、鱼腥草各等份（河南省现代中兽医研究院研制）。

【用法与用量】鸭0.5~3 g/只，连用3~5 d。

（4）个别严重的病鸭，采用个体给药法。

5%氟苯尼考注射液：0.1~0.2 mL/kg体重，连用2 d。

庆大霉素注射液：雏禽0.2万~0.4万IU/只，每天1次，连续治疗2~3 d。

阿米卡星注射液：2万~4万IU/kg体重，每天1次，连续治疗2~3 d。

第三章　常见寄生虫病

176. 什么是鸡球虫病？

鸡球虫病是由孢子虫纲艾美耳科艾美尔属的一种或多种球虫在鸡的肠道内寄生繁殖引起的肠道组织损害、出血而导致鸡急性死亡的一种常见原虫病，卵囊对外界的抵抗力极强，常规的消毒剂无效。

177. 我国鸡球虫种类有哪些？

全球报道的鸡球虫种类共有 13 种，我国已发现 9 种，生产中多为混合感染，以柔嫩艾美耳球虫和毒害艾美耳球虫致病力最强。

柔嫩艾美耳球虫主要寄生于盲肠和临近的肠道组织，病变为两侧盲肠显著肿大，外观紫红色，肠腔内充满凝固性血块，肠壁变厚。

毒害艾美耳球虫主要寄生于小肠前段和中段，病变为肠黏膜有白点和出血点、坏死点，肠腔内有出血性内容物。

布氏艾美耳球虫主要寄生于回肠、小肠后段及盲肠近端（卵黄蒂到盲肠连接处），病变为黏液性出血性肠炎，凝固性坏死。

巨型艾美耳球虫主要寄生于小肠中段、后段及前段，病变为肠壁变厚，有黏液性出血性渗出物和瘀斑。

堆形艾美耳球虫主要寄生于十二指肠及小肠前段，病变为肠黏膜有横纹状的白斑，外观呈梯状，并有卡他性渗出物，有时可见白色圆形病变，肠壁增厚，斑块融合。

哈氏艾美耳球虫主要寄生于十二指肠，病变为十二指肠有针头状出血点。

变位艾美耳球虫主要寄生于从十二指肠袢延伸到盲肠和泄殖腔，病变为肠壁可见具含有卵囊的圆形斑点，肠壁增厚，斑块融合。

和缓艾美耳球虫主要寄生于小肠下段，从卵黄蒂到盲肠颈，病变为黏液性渗出物，无损害可见。

早熟艾美耳球虫主要寄生于十二指肠及小肠前段，病变为黏液性渗出物，无损害可见。

178. 鸡球虫病的流行特点有哪些？

本病四季均可发病，发病呈日龄越来越小和大龄化的发展趋势，两种或两种以上的球虫感染常见。

病鸡和带虫鸡是主要传染源，以消化道传播为主，通过摄入有活力的孢子化卵囊而感染，鸡是唯一宿主，各种日龄的鸡均可感染，多暴发于3～6周龄的雏鸡，2周龄以内的雏鸡很少发病，发病率20%～100%，致死率高达100%。多与新城疫、传染性法氏囊病、大肠杆菌病、慢性呼吸道病等混合感染。

179. 鸡球虫病的临床症状有哪些？

（1）盲肠球虫病：多由柔嫩艾美耳球虫感染引发，发病4～5 d后开始死亡，耐过鸡生长缓慢，蛋鸡产蛋下降。

病鸡精神不振，冠、肉髯苍白，羽毛松乱，缩颈，眼紧闭，呆立或喜卧，不食，渴欲增加，拉稀，排暗红色或巧克力色血便，严重时拉鲜血。急性病例突然发病，迅速死亡，肛门附近常见鲜血，便血。

（2）小肠球虫病：由毒害艾美耳球虫或几种球虫混合感染，症状轻，病程长，可达数周或数月。

病鸡间歇性腹泻，贫血，消瘦，多排混有灰白色黏液的稀粪，衰竭死亡。

180. 鸡球虫病的病理变化有哪些？

（1）盲肠球虫病：盲肠肿大数倍，呈暗红色，肠壁增厚，浆膜面有出血点、出血斑，肠腔内充满血液、血凝块及脱落的黏膜碎片。病程长时脱落的盲肠黏膜和血液逐渐变硬，形成红色或红白相间的干酪样物（“肠芯”）。

（2）小肠球虫病：小肠肠壁高度肿胀，黏膜弥漫性充血、出血、脱落，白色斑状或圆形坏死灶散在；肠腔内有血液、血凝块、坏死脱落的黏膜，浆膜有小出血点或小白点或小白斑散在。

181. 鸡球虫病如何治疗?

（1）根据峰期合理选择抗球虫药治疗，常用的药物如磺胺氯吡嗪钠、氨丙啉、地克珠利、妥曲珠利、常山酮、癸氧喹酯等。

（2）采用清热燥湿、杀虫止痢的中药制剂治疗。

【处方1】鸡球虫散：青蒿3 000 g，龙牙草、何首乌各500 g，白头翁300 g，肉桂260 g。

【用法与用量】混饲，鸡每1 kg饲料10~20 g。

【处方2】驱球散：常山2 500 g，柴胡、地榆（炭）、白茅根各900 g，苦参1 850 g，青蒿1 000 g。

【用法与用量】混饲，鸡每1 kg饲料0. 5 g，连用5~8 d。

【处方3】苦参地榆散：苦参40 g，地榆、龙牙草各30 g。

【用法与用量】混饲，雏鸡预防量每1 kg饲料10 g，自由采食，治疗量加倍。

【处方4】常山柴胡散：常山280 g，柴胡120 g，青蒿、白头翁各300 g。

【用法与用量】混饲，鸡每1 kg饲料10 g，连用7 d。

【处方5】青蒿末。

【用法与用量】鸡1~2 g/只。

【处方6】常青克虫散：地锦草160 g，墨旱莲、柴胡、青蒿各80 g，常山100 g，槟榔、龙牙草、黄芩、白芍、山楂、甘草各60 g，鸦胆子20 g，黄柏90 g，木香30 g。

【用法与用量】鸡1~2 g/只。

【处方7】青蒿白头翁散：青蒿60 g，白头翁、地榆、墨旱莲、白芍、山楂各15 g，黄芩、木香各10 g，山大黄20 g，鸦胆子、白矾各2 g，板蓝根25 g，雄黄1 g，甘草5 g。

【用法与用量】混饲，每 1 kg 饲料 10 g。

【处方 8】常青球虫散：常山、白头翁、苦参各 700 g，龙牙草、马齿苋、地锦草各400 g，青蒿、墨旱莲各 350 g。

【用法与用量】混饲，禽每 1 kg 饲料 1～2 g，连用 7 d。

【处方 9】白头翁苦参散：白头翁、苦参、鸦胆子各等份。

【用法与用量】共为细末，混匀，每只鸡每次 0.5～1 g，拌料饲喂，每天 3 次。病重者，煎汤或开水冲调灌服，连用 3～5 d。

【应用】用本方治疗鸡球虫病例 202 只，治愈 188 只，治愈率为 93.07%。

【处方 10】五草汤：旱莲草、地锦草、鸭跖草、败酱草、翻白草各等份。

【用法与用量】14～16 日龄鸡，鲜败酱草、蒲公英各等份，切碎，治疗量每只 7 g，预防量每只 5 g 饲喂，每天 1 次，连喂 3 d。20 日龄鸡，五草汤煎汁，鲜品治疗量每只 8 g，预防量每只 6 g；干品治疗量为每只 1～2 g，预防量每只 0.5～1 g。拌料饲喂，每天 1 剂，连用 3 d。1 月龄鸡，五草汤煎汁，鲜品治疗量每只 10 g，预防量每只 8 g，拌料饲喂，每天 1 次，连用 3 d。6～8 周龄鸡，五草汤去翻白草，加蒲公英、小蓟各等份，鲜品每只 10 g，煎汤拌料或切碎做青饲料饲喂，每天 1 次，连喂 3 d。

【应用】用本方防治鸡 11 200 只，预防保护率达 99%以上，治愈率达 98%以上。

182. 什么是住白细胞原虫病？

住白细胞原虫病是由住白细胞原虫感染引起的一种急性高致死率的细胞内寄生性原虫病，以冠髯苍白、贫血、腹泻和产蛋量下降、全身组织器官形成灰白色小结节或斑点状出血或血肿为特征。

本病具有发病急，死亡率高的特点，带虫禽、隐性感染禽及带虫的库蠓是传染源，荒川库蠓、环斑库蠓、尖喙库蠓、恶敌库蠓等是主要的传播媒介，各种日龄的禽均可感染，雏禽发病急、死亡率高，成年鸡呈零星发病。

183. 住白细胞原虫病的临床症状有哪些？

鸭、鹅症状与鸡基本相似，雏禽发病率和病死率高，发病 1~2 d 后开始死亡。冠及肉髯苍白，有小米粒大小的梭状结节；体温升高，食欲缺乏，排血便或绿色或黑色粪便，死前口流鲜血。

雏鸡发病急，咯血、呼吸困难、猝死；蛋鸡产蛋率下降，两肢轻瘫，行走困难，零星死亡。

184. 住白细胞原虫病的病理变化有哪些？

全身组织器官形成灰白色小结节或斑点状出血或血肿为典型病理特征。

全身皮下出血，肌肉（胸肌、腿肌、心肌）有大小不一的出血点或出血斑。心外膜、肝脏、肾脏表面及实质、脾脏、肺脏、胰脏、腺胃、肠浆膜面、法氏囊、脂肪及输卵管等部位有广泛性的出血点或出血囊或灰白色小结节。

严重感染时，肾脏肿大，被膜下片状出血；肝被膜破裂出血，腹腔积聚血液，气管、口腔等部位有血凝块。卵黄变性，卵泡萎缩或破裂。

185. 住白细胞原虫病如何治疗？

泰灭净：预防时用 25~75 mg/kg 拌料，连用 5 d，停 2 d，为 1 个疗程。治疗时可按 100 mg/kg 拌料，连用 2 周，或 0. 5%连用 3 d，再 0. 05%连用 2 周。

磺胺二甲氧嘧啶：预防用 25~75 mg/kg，混入饲料或饮水；治疗按 0. 05%的比例饮水 2 d，然后再按 0. 03%饮水 2 d。

磺胺喹噁啉：预防用 50 mg/kg，治疗时每 1 000 kg 饲料加入 125 g。

乙胺嘧啶：预防用 1 mg/kg；治疗用 4 mg/kg，配合磺胺二甲氧嘧啶 40 mg/kg 混入饲料连续服用 1 周后改用预防剂量。

治疗时，每 1 000 kg 饲料中添加 5~10 kg 的艾叶或 10~20 kg 白

头翁散和300~600 g维生素C，效果更佳。

186. 什么是禽组织滴虫病?

禽组织滴虫病又名盲肠肝炎或黑头病，是由火鸡组织滴虫感染鸡和火鸡的一种以肝脏和盲肠出现独特的坏死灶为病理特征的急性原虫病。

火鸡组织滴虫主要寄生于盲肠和肝脏，对肉种鸡和蛋鸡影响大，死亡率和淘汰率高，长期影响产蛋。

187. 禽组织滴虫病的流行特点有哪些?

本病四季均可发生，潜伏期7~12 d，病程1~3周，死亡率一般不超过30%，幼龄火鸡高达70%。组织滴虫在异刺线虫卵巢中繁殖，当该线虫排卵时滴虫也随之而出，成为感染源，以消化道感染为主，蚯蚓及节肢动物中的蝇、蚱蜢、土鳖、蟋蟀等都可作为机械传播者；多种禽类易感，如火鸡、鸡、松鸡、雉鸡、珍珠鸡、孔雀、鹌鹑、鹧鸪等均易感，4~6周龄的鸡最易感。

188. 禽组织滴虫病的临床症状有哪些?

本病多发生于2~6周龄的鸡。病鸡头部皮肤、冠及肉髯呈蓝色或暗黑色，故又称“黑头病”。病鸡精神委顿，羽毛蓬松，两翅下垂，怕冷，瞌睡，食欲降低或拒食，粪便稀薄呈淡黄色或淡绿色，继而粪便带血或排大量鲜血等。

189. 禽组织滴虫病的病理变化有哪些?

本病以盲肠炎和肝炎为主。

一侧或两侧盲肠高度肿胀，比正常肿大2~5倍，盲肠壁增厚和充血，浆液性和出血性物充满盲肠，渗出物干酪化后形成肠芯；盲肠黏膜及黏膜下层甚至肌层充血、出血、溃疡。严重时，盲肠壁溃疡，穿孔，引起腹膜炎等。

肝肿大呈紫褐色，表面有形状不一、大小不等的坏死灶，如车轮状、扣状或榆钱样等，有的坏死区融成片，形成大面积的病变区。

肺脏、肾脏、脾脏等部位偶见白色圆形坏死。

190. 禽组织滴虫病如何治疗？

杀灭虫卵是预防本病的关键措施，发病后采取甲硝唑或二甲硝咪唑或芬苯哒唑或异丙硝咪唑混料进行治疗，疗程 7 d，建议配合促肝细胞生长素使用。如甲硝唑，治疗按 250 mg/kg 混饲，每天 3 次，连用 5 d。

【处方 1】龙胆草（酒炒）、栀子（炒）、黄芩、柴胡、生地黄、车前子、泽泻、木通、甘草、当归各 20 g。

【用法与用量】水煎，供 100 只鸡 1 次饮服。重症用注射器滴服。

【应用】用本方治疗鸡盲肠肝炎，饮服 2 d，治愈率达 95%。

【处方 2】白头翁散：白头翁、秦皮各 60 g，黄连 30 g，黄柏 45 g。

【用法与用量】禽 2~3 g/只。

191. 什么是禽绦虫病？

禽绦虫病是由白色、扁平、带状分节的绦虫感染引起多种禽类的寄生虫病。绦虫种类多，形态各异，各种禽类及野禽均可感染发病，绦虫主要寄生于肠道内，大量虫体感染时，常引起贫血、消瘦、下痢、生长迟缓、产蛋率下降等。

192. 禽绦虫病的诊断要点有哪些？

病禽以下痢为主，拉绿色或黄白色稀薄粪便，粪便带有脱落的虫体节片，有时混有血液；病禽精神不振，采食量下降或不食，饮水量增加，消瘦，生长迟缓，贫血，冠和黏膜苍白，头颈扭曲，运动失调，走路摇摆，尖叫，产蛋率下降，突然死亡。

肠黏膜机械性损伤、肿胀、出血，黏膜有针尖大褐色结节，结节中央凹陷，肠腔内有大量脱落的黏膜或黏膜上附有数量不等的绦虫虫体或虫体节片。

严重感染时，虫体聚集成团引起肠阻塞，甚至肠破裂引起腹膜炎等。

193. 禽绦虫病如何治疗？

（1）抗绦虫药拌料。原则上发生绦虫病时，及时对全群展开驱虫。

吡喹酮：5～15 mg/kg 体重，均匀拌料，1 次喂服。

芬苯哒唑：3×10^{-5}浓度拌料，对棘钩赖利绦虫有效率达 92%。

硫双二氯酚：150～200 mg/kg 体重，以 1∶30 的比例与饲料混匀，1 次投服。

丙硫苯咪唑：10～30 mg/kg 体重，均匀拌料，1 次喂服。

氯硝柳胺：50～60 mg/kg 体重，均匀拌料，1 次喂服。

（2）中药辅助治疗。

【处方 1】槟榔 150 g，南瓜子 120 g。

【用法与用量】水煎，首次加水 2 000 mL 煮沸 30 min，第 2 次加水 1 000 mL 煮沸 20 min，合并 2 次药汁，供 600 只 35 日龄肉鸡分 2 次混饲或混饮。混饲前鸡群停料 6 h 以上，混饮前停水 3～4 h。重症病鸡滴服。

【应用】用本方治疗散养崇仁麻鸡绦虫病，用药片刻后可见虫体及粪便排出。用药 1 h 后要将鸡群赶出用药地点，清扫和消毒栏舍，以防重复感染。本方有一定的毒性，用药后鸡会出现口吐白沫现象，可皮下注射阿托品（按每 1 kg 体重 0. 02 mg）解毒。

【处方 2】槟榔。

【用法与用量】研细粉，按 5 份槟榔粉、4 份温开水、1 份面粉的比例制丸（先将面粉倒入水内打浆，然后混入槟榔粉），每丸 1 g（含槟榔粉 0. 5 g），晒干。按每 1 kg 体重 2 丸于早上空腹投服，服药后自由饮水。为巩固疗效，5～7 d 后重复驱虫一次。

【应用】用本方治疗鸡绦虫病，用药 30～40 min 后开始排虫；5 d后治愈率达 99%以上。

【处方 3】石榴皮、槟榔各 60 g。

【用法与用量】加水 1 000 mL，煎至 500 mL，每只鸡每次服 2~5 mL，每天服 2~3 次。鹅 1 g/kg 体重（按原生药材计），每天 1 次。

【应用】本方能有效驱除绦虫。

【处方 4】烟叶 1 kg。

【用法与用量】烘干并搓碎，加水 2 kg，浸泡 24 h，待烟叶水呈红棕色取汁灌服，每次 5 mL，间隔 3 d，再灌几次。灌服前停喂 14 h，前 4 h 可喂 1%盐水 2 匙和适量清水。

【功效】驱虫。

【应用】用本法能有效驱除鸡蛔虫。本方也可用于驱除鸡绦虫。

194. 什么是禽蛔虫病?

禽蛔虫病是鸟蛔科的线虫寄生于家禽肠道的疾病，各种蛔虫生活史及感染引起的病理变化相似，但寄生具有种特异性，如鸡蛔虫病寄生于鸡，鸽蛔虫病寄生于鸽，以鸡蛔虫引起的症状最严重，感染后雏鸡生长受阻，顽固性拉稀，成年鸡下痢，产蛋量下降和贫血。

本书主要介绍鸡蛔虫病。

195. 禽蛔虫病的流行特点有哪些?

本病的发生与饲养方式、环境密切相关，散养、闷热潮湿的环境感染率和发病率较高。蛔虫卵是传染源，因采食感染性虫卵污染的饲料、饮水、污物经口感染，3~4 月龄的禽易感，主要危害 3~10 月龄禽，1 年以上禽多为带虫者。

196. 禽蛔虫病的临床症状有哪些?

病鸡起病缓慢，贫血，持续 1~2 周后，瘦弱的鸡迅速增多，冠、脸黄白色，精神不振，羽毛蓬松，行走无力，呆立，粪便稀薄，常有少量未消化的饲料颗粒，粪便颜色呈多样化，以肉红色、绿白色多见，发病后期死亡率增加。

产蛋禽产蛋率下降或停产，严重时因肠阻塞而死。

197. 禽蛔虫病的病理变化有哪些？

消瘦、贫血，血液稀薄，十二指肠、空肠、回肠甚至肌胃等部位有大小不一数量不等的蛔虫，肠黏膜出血、发炎，肠壁有颗粒状化脓灶或结节；严重感染时，大量虫体相互缠结，导致肠阻塞、肠破裂等。

198. 禽蛔虫病如何治疗？

（1）治疗时选用下列药物全天饲喂，禁用敌百虫。

左旋咪唑：25~40 mg/kg体重，口服或拌料。

丙硫苯咪唑：15~20 mg/kg体重，口服或拌料。

甲苯咪唑：30 mg/kg体重，口服或拌料。

丁苯咪唑：0.05%比例拌料。

潮霉素：6~12 mg/kg体重，拌料。

噻咪啶：15 mg/kg体重，口服。

丙硫咪唑：5~20 mg/kg体重，口服。

（2）配合驱虫中药治疗效果更佳。

【处方1】槟榔125 g，南瓜子75 g，石榴皮75 g。

【用法与用量】研成粉末，按2%比例拌料饲喂（喂前停食，空腹喂给），每天2次，连用2~3 d。

【处方2】槟榔15 g，乌梅肉10 g，甘草6 g。

【用法与用量】研粉制丸，每1 kg体重2 g，每天2次，隔1周再服1次。

【功效】驱虫消积，行气利水。

【处方3】烟叶1 kg。

【用法与用量】烘干并搓碎，加水2 kg，浸泡24 h，待烟叶水呈红棕色取汁灌服，每次5 mL，间隔3 d，再灌几次。灌服前停喂14 h，前4 h可喂1%盐水2匙和适量清水。

【功效】驱虫。

【应用】用本法能有效驱除鸡蛔虫。本方也可用于驱除鸡绦虫。

199. 什么是前殖吸虫病？

前殖吸虫又叫输卵管吸虫，主要寄生在鸡、鸭、鹅及鸟类的输卵管内，其次是法氏囊和泄殖腔内，常引起输卵管炎，以产蛋下降、产畸形蛋、薄壳蛋等为主要特征。

我国各地都有发生，尤其以南方各地更为多见。

200. 前殖吸虫病的诊断要点有哪些及如何治疗？

初期产薄壳蛋，易破碎，后产蛋率下降，逐渐产畸形蛋或流出石灰样的液体，食欲减退，消瘦，腹部膨大、下垂，产蛋停止；后期体温上升，渴欲增加，泄殖腔突出，肛门潮红。

输卵管黏膜初期充血、出血、水肿；后期输卵管壁变薄、破裂，输卵管黏膜有虫体，腹腔内含有大量黄色混浊的液体，卵黄性腹膜炎。

治疗时可采用以下方案：

吡喹酮：按 10~20 mg/kg 体重，均匀拌料，1 次喂服。

硫双二氯酚：按 30~50 mg/kg 体重，均匀拌料，1 次喂服。

丙硫苯咪唑：按 20 mg/kg 体重，均匀拌料，1 次喂服。

201. 什么是棘口吸虫病？

棘口吸虫病是由卷棘口吸虫寄生于家禽直肠和盲肠的一种寄生虫病，对雏鸭、鹅的危害较为严重，家禽常因采食含有囊蚴的螺等第二中间宿主而感染，本病以食欲减退、下痢、出血、消瘦、生长缓慢和出血性肠炎为特征。

202. 棘口吸虫病的诊断要点有哪些及如何治疗？

虫体数量较少时，无症状或有轻度的肠炎和腹泻；虫体数量稍多时，消化机能紊乱，食欲缺乏，贫血，消瘦，生长发育受阻，下痢，粪便中混有黏液，终因衰弱而死。出血性肠炎为主，肠黏膜附着大量虫体，肠黏膜脱落、出血等。

治疗时可采用以下方案：

吡喹酮：按10~20 mg/kg体重，均匀拌料，1次喂服。

硫双二氯酚：按30~50 mg/kg体重，均匀拌料，1次喂服。

丙硫苯咪唑：按20 mg/kg体重，均匀拌料，1次喂服。

203. 什么是棘头虫病？

棘头虫病是由多形科多形属和细颈科细颈属的棘头虫寄生于鸭小肠内引起的一种寄生虫病。家禽因吞食含有棘头囊的虾、岸蟹和栉水蚤等中间宿主后感染，在其小肠内发育为成虫，当虫体过多时引起死亡。

鸡、鸭、鹅均可发病，南方放牧养殖的鸭、鹅发病率高，鸭的感染率较鹅高些，幼禽最易感染，症状较为严重，死亡率较高。

204. 棘头虫病的诊断要点有哪些及如何治疗？

成年禽症状不明显，多为带虫者。

病禽精神沉郁，食欲减退或废绝，下痢，粪便常带血，消瘦，生长发育停滞，死亡。

肠黏膜卡他性炎症、出血和溃疡，肠浆膜面有黄白色的小结节，肠壁有大量橘红色虫体，虫体固着部位有不同程度的创伤，虫体进入黏膜深部，穿过肠壁的浆膜层，造成肠壁穿孔而继发腹膜炎等。

治疗时可采用以下方案：

四氯化碳：按0.5~2 mg/kg体重，1次灌服。

丙硫苯咪唑：按15~20 mg/kg体重，均匀拌料，1次喂服。

二氯酚：按0.5 g/kg体重，均匀拌料，1次喂服。

硝硫氰醚：按100~125 mg/kg体重，均匀拌料，1次喂服。

205. 什么是鸭毛毕吸虫病？

鸭毛毕吸虫病是由裂体科毛毕属的多种吸虫寄生于鸭的肝门静脉和肠系膜静脉内引起的疾病，又称鸭血吸虫病。中间宿主为椎实螺，多在春末和夏季发病，另外其尾蚴阶段还会感染人，引起尾蚴性皮炎。

206. 鸭毛毕吸虫病的诊断要点有哪些及如何治疗？

病鸭食欲下降、消瘦、贫血、发育迟缓。

门静脉和肠系膜静脉内有虫卵，虫卵堆积在肠壁的微血管内形成小结节，有些虫卵穿过肠黏膜进入肠腔，引起肠黏膜发炎。

严重感染时，肝脏、胰脏、肾脏、肠壁和肺脏等均可发现虫体和虫卵结节。

治疗时可采用以下方案：

吡喹酮：按 10~20 mg/kg 体重，均匀拌料，1 次喂服。

硫双二氯酚（别丁）：按 25~50 mg/kg 体重，均匀拌料，1 次喂服。

丙硫苯咪唑：按 50~100 mg/kg 体重，均匀拌料，1 次喂服。

207. 什么是隐孢子虫病？

隐孢子虫病主要是由贝氏隐孢子虫寄生于家禽的呼吸道、消化道、法氏囊和泄殖腔内所引起的一种原虫病，以腹泻或呼吸困难为临床特征。

本病潜伏期一般为 3~5 d，四季均可发生，卵囊是传染源，经消化道和呼吸道水平传播，发病的禽类和隐性带虫者粪便中的卵囊污染了饲料、饮水、器具等经消化道感染，也可通过吸入环境中的卵囊经呼吸道感染。各种日龄的禽均易感，10 日龄以内的雏鸡易感性最高，主要危害 50 日龄以下的雏禽，成年禽则可带虫而不显症状。

目前尚无治疗隐孢子虫病的有效药物。

208. 隐孢子虫病的临床症状有哪些？

眼结膜感染：眼结膜水肿，流泪。

消化道感染：精神沉郁，食欲减退，闭目嗜睡，腹泻，粪便为水样或黏稠样，呈白色或淡黄色，体重减轻，生长发育受阻，翅膀下垂，羽毛蓬乱，喜卧，不愿运动。

呼吸道感染：精神沉郁，鼻腔、气管分泌物增多，流出浆液性鼻液，咳嗽，打喷嚏，呼吸困难，伸颈，张口呼吸，卧地不起，声音嘶哑、失声，羽毛松乱无光，两翅下垂，双侧面部眶下窦肿大。

209. 隐孢子虫病的病理变化有哪些？

鼻腔、喉、气管及支气管黏膜水肿，内有大量黏液性、泡沫状的渗出物；两侧鼻窦内有大量白色液体，气囊壁增厚、混浊，呈云雾状；肺脏有肝变或有浅红色斑点，胸腔积水；法氏囊和泄殖腔黏膜出血、肿胀或坏死；肾脏苍白、水肿等。

第四章　普通病

每一种维生素缺乏症、微量元素缺乏症、中毒病都有其特征性的病变，其病因、诊断方法和防治方法基本相同，本书只对其临床特征、病理变化做简要描述。

210. 什么是维生素 A 缺乏症？

维生素 A 缺乏症是以黏膜、上皮角化，生长发育受阻和干眼病、夜盲症为特征的疾病。

病禽冠白而有皱褶，爪、喙色淡，流泪，眼睑或面部肿胀，眼睑粘连，内有乳白色干酪样物质，眼球凹陷，角膜混浊，重者失明；病情较长且严重时，病鸡出现共济失调、转圈、扭颈等症；蛋禽产蛋率下降，蛋黄颜色变淡，种蛋的受精率、孵化率也低于正常水平，死胚率增加，胚胎发育不良。

口腔、咽部及消化道黏膜肿胀，黏膜有许多灰白色小结节，有时融合成片，成为假膜，假膜脱落后黏膜完整，无溃疡面和出血；气管和支气管黏膜上皮有假膜、小脓疱和坏死；肾脏肿大呈灰白色，输尿管内有尿酸盐沉积，输尿管、心、肝、脾表面有尿酸盐沉积。

211. 什么是维生素 D 缺乏症？

维生素 D 缺乏症是以幼禽发生佝偻病、骨软化症和笼养蛋鸡疲劳症为特征的营养代谢病。

病禽食欲缺乏，生长停滞，异嗜，喙和爪变软，跗关节肿大，腿无力，不能站立，侧卧或伏卧，呈企鹅姿势；雏禽以佝偻病为主。产蛋禽或种禽发病时薄壳蛋或软壳蛋增加，产蛋率、孵化率下降，死胚增多。

喙及骨质变软、弯曲、变形但不易折断，肋骨、胸骨、骨盆骨等发生畸形，尤其肋骨与软肋骨连接处膨大如珠状，龙骨呈“S”形弯曲；跗关节和肋骨关节肿大；成年禽的甲状旁腺增大数倍，骨软且易碎，骨密质变薄。

212. 什么是维生素E-硒缺乏症？

维生素E-硒缺乏症以脑软化症、渗出性素质和肌营养不良症（白肌病）为特征。

（1）脑软化症：特征性症状为共济失调，头向后或向下弯曲挛缩或向一侧扭转，两腿阵发性痉挛抽搐，不完全麻痹，瘫痪，发育不良，终因衰竭而死亡。

小脑肿胀、柔软，脑膜水肿，表面散在出血点，脑回和脑沟闭合，坏死组织呈灰白色或黄绿色。

（2）渗出性素质：翅膀、胸部和颈部发生水肿，大面积皮下组织出血和全身性液体蓄积，腹部皮下蓄积最多，积液部分的皮肤呈蓝绿色，渗出液呈淡绿黄色胶冻样，心包积液，心脏扩张，肌肉有条纹状出血。

（3）肌营养不良症（白肌病）：贫血，冠白，眼流浆液性分泌物，眼睑半闭，软弱无力，共济失调，时而两腿呈痉挛性抽搐，时而闭目鸣叫。

胸肌、腿肌的肌纤维呈淡白色的条纹；心脏扩张，心肌色淡变白；肝脏肿大，质脆，呈黄白色。

蛋禽产蛋率和种蛋的孵化率降低，公鸡睾丸呈退行性变性，精子生成减少甚至停止，精液品质低劣。

火鸡多发生肌胃变性，柔软，色淡，切面有黄白色条纹；多于2~3周龄发生一种颇具特征性的飞节肿胀。

213. 什么是维生素B_1缺乏症？

维生素B_1缺乏症是以多发性神经炎和心肌代谢功能障碍为主要

特征的营养代谢病。

雏禽发病率高于成年禽，2 周内雏鸡及出壳不久的雏鸭、鹅易发病。

病禽精神不振，羽毛蓬松，冠呈蓝色，少食或停食，腿无力，继而腿部麻痹，不能站立和行走；头颈弯向背部，呈特征性的“观星姿势”或角弓反张，倒地，抽搐而死。

成年禽发病过程缓慢，病初厌食，体重减轻，继而神经症状逐渐明显，产蛋率下降，孵化率低，死胚增加。

尸体消瘦，皮下有广泛性水肿，尤以雏禽最为严重；胃肠有炎症，十二指肠溃疡、萎缩，心脏右侧扩张（心房比心室明显）；生殖器官萎缩（睾丸比卵巢明显），肾上腺肥大，肝脏呈淡黄色，胆囊肿大。

214. 什么是维生素 B_2 缺乏症？

维生素 B_2 缺乏症又名蜷趾麻痹症、核黄素缺乏症，以消化功能障碍、肌肉出血、神经炎等为主要特征。

病禽羽毛粗糙（背部脱毛，皮肤干而粗糙）、厌食、消瘦、贫血、腹泻，跗关节以下呈麻痹状态，趾爪向内蜷缩，似握拳状，两腿叉开似游泳状，俗称蜷爪麻痹症。

蛋禽产蛋量下降，孵化率降低，胚胎死亡，孵出的雏禽趾爪蜷曲，皮肤表面有结节状绒毛。

臂神经和坐骨神经两侧对称性肿大，直径比正常大 4~5 倍，质地柔软而失去弹性，呈黄色，神经纤维横纹不清楚；心冠脂肪消失，胃肠有炎症，十二指肠溃疡、萎缩，胃肠道内容物为多量泡沫状，肝脏肿大、柔软；腿部、胸部肌肉呈斑点状出血。

215. 什么是泛酸缺乏症？

泛酸缺乏症以皮炎、羽毛发育不全和脱落为特征，无特征性肉眼可见的病理变化。

病禽头部羽毛脱落，口角、眼睑及肛门周围有痂皮，上下眼睑被黏液渗出物黏着；趾间和足底皮肤发炎，表层皮肤脱落，产生小裂隙，裂隙扩大、加深，导致不能行走；足部皮肤增生角化形成疣性赘生物。

蛋禽产蛋率下降，种蛋孵化率下降，死胚增加。

216. 什么是烟酸缺乏症?

烟酸缺乏症以口炎、皮炎、下痢、跗关节肿大及骨短粗等为特征。

病禽皮肤发炎，化脓性结节；腿部关节肿胀，骨短粗，腿骨弯曲，跟腱极少滑脱，运动障碍，共济失调，站立困难；口腔黏膜发炎，呈深红色，舌尖为白色，舌呈暗红黑色。蛋禽脱毛，腿、爪等部位皮肤角化呈鳞片状。

口腔及食管内常有干酪样渗出物，胃和小肠黏膜萎缩，盲肠和直肠黏膜有豆腐渣样覆盖物，肠壁增厚易碎；肝脏萎缩、脂肪变性。

217. 什么是生物素缺乏症?

生物素缺乏症以喙底、皮肤、趾爪发生炎症，骨发育受阻呈现短骨为特征。

雏禽食欲缺乏，衰弱，生长迟缓，脚、喙和眼周围皮肤发炎，脚底粗糙、结痂，开裂出血。

眼睑肿胀，分泌炎性渗出物，嗜睡，嘴角损伤，爪趾坏死、脱落，脚和腿上部皮肤干燥，麻痹。

种禽产蛋率下降，孵化率降低，胚胎和孵出的鸭、鹅有先天性胫骨短粗，骨骼畸形，共济失调等症。

218. 什么是维生素 B_6 缺乏症?

维生素 B_6 缺乏症雏禽表现为食欲缺乏，生长迟缓，贫血，胫骨粗短，异常兴奋，全身性痉挛，运动失调，身体向一侧偏倒，头颈和腿脚抽搐，终因衰竭而死。成年禽贫血、苍白，无神经症状，皮下水肿，内脏器官肿大，脊髓和外周神经变性。

219. 什么是叶酸缺乏症？

叶酸缺乏症雏禽表现为生长停滞，贫血，羽毛生长缓慢，色素消失，白羽，脚软弱症或骨短粗症。种禽产蛋率和孵化率下降，因破壳困难而胚胎窒息死亡，死亡胚的喙变形、下颌缺损和胫骨弯曲等。

220. 什么是维生素 K 缺乏症？

维生素 K 缺乏症的家禽出现突然死亡，出血不止，凝血不良，死前全身营养状态良好，肌肉丰满。

慢性病例机体消瘦，精神沉郁，贫血，胸部、腹部、翅膀及腿部皮下有紫蓝色的出血点或出血斑。

胚胎死亡率增加，死胚胚胎出血；肌肉苍白，腿肌和胸肌有大小不等的出血点或出血斑，肠黏膜、心肌、心冠沟脂肪及脑膜上有出血点或出血斑。

221. 什么是锰缺乏症？

锰缺乏症以骨的形成障碍，胫骨短粗和生长发育受阻为特征。

病禽胫骨短粗和脱腱症，即腿骨短粗，胫、跖骨关节肿大、扭转，骨弯曲变形，腓肠肌腱（后跟腱）从跗关节的骨槽中滑出而呈现脱腱症状，俗称脱腱症。

病禽跛行，关节着地，腿外展，常一只腿前伸、后伸或侧伸，头前伸或向下弯，或缩向背后，因采食不便衰竭而亡。

种蛋孵化率下降，大多数胚胎出壳前死亡，死胚软骨发育不良，翅短，腿短粗，头呈圆球状，喙短弯呈特征性的“鹦鹉嘴”。

222. 什么是锌缺乏症？

锌缺乏症的病禽出现食欲下降，消化不良，羽毛发育异常，翼羽、尾羽缺损，无羽毛，新羽不易生长；发生皮炎、角化呈鳞状，产生较多的鳞屑，腿和趾上有炎性渗出物或皮肤坏死，创伤不易愈合；生长发育迟缓或停滞；骨短粗，关节肿大；蛋禽产蛋率降低，蛋壳薄，孵化率低，易发啄蛋癖。

223. 什么是钙磷缺乏症？

钙磷缺乏症的病禽精神沉郁，食欲减退，生长缓慢，虚弱无力，站立不稳，喙、爪变软易弯曲变形，两腿长骨骨质钙化不良，变薄变软，呈“O”形或“X”形，胸骨变软易骨折，瘫痪，常因采食、饮水障碍而衰竭死亡。

蛋禽产蛋减少，蛋壳变薄、易碎，软壳蛋或无壳蛋增多，胸骨变软、弯曲，龙骨呈“S”状，肋骨和肋软骨接合部出现球形肿大，形成“串珠状肋”。

224. 什么是禽痛风？

禽痛风称为尿酸盐沉积症，本病是由蛋白质代谢障碍和肾脏受损害，致使尿酸盐或尿酸蓄积体内引起的一种营养代谢病，以肾脏肿大苍白，体内各器官组织广泛沉积白色尿酸盐为典型病理特征。痛风不是一个疾病的名称，是高尿酸血症的一个临床特征，现在称为尿酸盐沉积或高尿酸血症。

225. 禽痛风的临床症状有哪些？

禽痛风分为内脏型和关节型，内脏型痛风常见，发病率时高时低，死亡率特高，关节型痛风较少发生。

（1）内脏型痛风：病禽精神沉郁，羽毛松乱，冠苍白、贫血、萎缩，逐渐消瘦；食欲缺乏，皮肤脱水、发干，排白色水样或糊状稀粪，含多量尿酸盐，无力，喜卧；皮肤瘙痒，自啄羽毛，瘫痪，脱水而死亡；产蛋量下降，甚至停产，种蛋的孵化率降低。

（2）关节型痛风：病禽关节肿胀，疼痛，有豌豆至蚕豆大小的黄色坚硬结节，溃破后流出白色稠膏状的尿酸盐；因关节肿胀，致使行动迟缓，站立困难，跛行，卧伏，采食困难，逐渐虚弱，终因消瘦而死亡。

226. 禽痛风的病理变化有哪些？

（1）内脏型痛风：脱水，皮肤发绀。肾脏肿大，色淡，表面有尿酸盐沉积形成的白色斑点，输尿管变粗，充塞石灰样沉淀物；肝包膜和心包膜有尿酸盐沉积；肠系膜及腹膜等处覆盖大量白色尿酸盐薄膜；瞬膜、眶下窦、脾脏、气囊、腺胃、法氏囊、胆囊、肌肉（如腿肌、胸肌等）及输卵管等部位有尿酸盐沉积。

（2）关节型痛风：关节面及周围组织有白色尿酸盐沉积，切开肿胀关节，管腔内有白色石灰乳样尿酸盐沉积，有的关节面糜烂，有的呈结石样的沉积垢，又称为痛风石或痛风瘤。

227. 禽痛风如何对症治疗？

目前还没有特效疗法，治疗较为困难。一般发病后采用增强尿酸盐排泄的药物对症治疗，消除肾肿，降低饲料蛋白质含量，补充大量维生素电解质尤其是维生素 A 和维生素 C，并供应充足的水，有较好的疗效。

（1）选用增强尿酸盐排泄的药物治疗。

丙磺舒：0.1~0.2 g/kg 饲料，可抑制尿酸盐在肾小管的重吸收，增加尿酸盐的排泄。

别嘌呤醇：0.01~0.05 g/kg 饲料，可竞争抑制体内的黄嘌呤氧化酶，减少尿酸合成。与丙磺舒并用，作用增强。

阿托方：0.2~0.5 g/kg 体重，口服，每天 2 次，可提高肾脏排泄尿酸盐的能力，减轻关节疼痛，但长期使用对肝、肾有不良影响。

1%碳酸氢钠溶液或 0.25%柠檬酸钠溶液：饮水，每天 1 次，连用2~3 d。

阿司匹林、碳酸氢钠联合用药：阿司匹林12.5 g、碳酸氢钠35 g，兑水200 kg，连用5~7 d。

枸橼酸钾、碳酸氢钠联合用药：枸橼酸钾100 g、碳酸氢钠100 g、葡萄糖50 g，兑水125 kg，连用2~5 d。

复方阿司匹林可溶性粉：阿司匹林99 g，氯化钠、氯化钾各100 g，枸橼酸1 g，碳酸氢钠700 g，混饮，每1 L水加本品3 g，连用3 d。

治疗时选用具有清热解毒、通淋排石的中药制剂治疗。

【处方1】金钱草散：金钱草60 g，车前子、木通、石韦、瞿麦、冬葵果、甘草、虎杖、徐长卿各9 g，忍冬藤、滑石各15 g，大黄18 g。

【用法与用量】混饲，鸡每1 kg饲料5~10 g。

【处方2】茵陈大腹皮散：茵陈100 g，车前子40 g，泽泻、百部各30 g，茯苓、板蓝根、大腹皮各50 g，地龙10 g，麻黄15 g，桂枝5 g。

【用法与用量】鸡1 g/只，连用3 d，雏鸡酌减。

【处方3】鸡痛风消散：木通、连翘、地榆各40 g，海金沙、甘草、车前子各30 g，诃子、猪苓、苍术各60 g，乌梅50 g。

【用法与用量】鸡1 g/只。

【处方4】降石汤：降香3份，石韦、滑石、鱼脑石、海金沙、鸡内金、冬葵子、川牛膝各10份，金钱草、甘草梢各30份。

【用法与用量】粉碎混匀，拌制喂服，每鸡每次5 g，每天2次，连服4 d为1个疗程。

【应用】用本方内服，同时饲料中补充浓缩鱼肝油（维生素A、维生素D）和维生素B，10 d后病势好转，追踪3个月，再无痛风发生，产蛋量在3~4周后恢复正常。发生本病应立即改善饲养管理，一是饲料的粗蛋白含量调整到15%~16%；二是增补较好的青饲料，并充分供水。

【处方5】黄芩80 g，茵陈100 g，车前子、茯苓、猪苓、板蓝根、大腹皮、海金沙各 50 g，泽泻 40 g，百部 30 g，麻黄 15 g，桂枝 10 g，甘草 35 g。

【用法与用量】混饲，每 1 kg 饲料 5~10 g。

【处方 6】滑石粉、黄芩各 80 g，茯苓、车前草各 60 g，猪苓 50 g，枳实、海金沙各 40 g，小茴香 30 g，甘草 35 g。

【用法与用量】每剂上、下午各煎水 1 次，加 30%红糖让鸡群自饮，第 2 天取药渣拌料，全天饲喂，连用 2~3 剂为 1 个疗程。

【功效】渗湿利水，健脾开胃。

【应用】用本方治疗禽痛风 2 万只，治愈率在 95%以上。本方适用于内脏型痛风。

【处方 7】车前草、金钱草、木通、栀子、白术各等份。

【用法与用量】按每只 0. 5 g 煎汤喂服，连喂 4~5 d。

【功效】利尿通淋。

【应用】用本方治疗雏鸡痛风病，效果良好。可酌加金银花、连翘、大青叶等。用赤小豆汤加绿茶饮水有一定疗效。

【处方 8】木通、车前子、瞿麦、萹蓄、栀子、大黄各 500 g，滑石粉、甘草各 200 g，金钱草、海金沙各 400 g。

【用法与用量】共研细末，混入 250 kg 饲料中供 1 000 只产蛋鸡或 2 000 只育成年鸡或 10 000 只雏鸡 2 d 内喂完。

【功效】清热利湿，通淋。

【应用】用本方治疗鸡尿酸盐代谢障碍有一定疗效。立即停止使用原本营养不合理的饲料，适当降低饲料中的蛋白质、钙、骨肉粉、鱼粉、石粉的用量，加大维生素的用量，加喂青绿饲料。

【处方 9】地榆、连翘、金银花各 30 g，海金沙、槐花、甘草各 20 g，泽泻、乌梅、诃子、苍术、猪苓各 50 g。

【用法与用量】粉碎过 40 目筛，按 2%拌料饲喂，连喂 5 d。食欲废绝的重病鸡可填喂。

【应用】用本方治疗海兰白 W-36 商品蛋鸡痛风，连用 5 d，治愈率 96. 5%。本方适用于内脏型痛风。预防，方中去地榆，按 1%的比例添加混饲。

【处方10】木通、车前子、萹蓄、灯心草、栀子、甘草梢、鸡内金各100 g，大黄、海金沙各150 g，滑石、山楂各200 g。

【用法与用量】混合研细末，混于饲料中喂服。1 kg以下鸡每只每天1~1.5 g，1 kg以上的鸡每只每天1.5~2 g。连喂5 d。

228. 什么是家禽脂肪肝综合征？

家禽脂肪肝综合征是以脂肪代谢障碍，肝脏脂肪变性为特征的家禽营养代谢病。本病主要发生于产蛋高峰的蛋鸭、蛋鸡及肉用仔鸭、鹅，从发病到死亡1~2 d，多数禽体况好，较肥胖，蛋禽产蛋率明显下降。

229. 家禽脂肪肝综合征的诊断要点有哪些？

病禽突然死亡，精神不振，采食量减少，喜卧，冠、肉髯褪色乃至苍白，嗜睡，瘫痪，腹部膨大且软绵下垂，拉稀，昏迷或痉挛而死亡。

肝脏肿大，质脆易碎，边钝圆，呈黄色油腻状；表面有出血点和白色坏死灶，切面上有脂肪滴附着，肝脏破裂发生内出血时，肝脏表面和腹腔内有凝血块。

皮下、腹腔和肠系膜、肌胃、心脏等部位有多量脂肪沉积；肾脏略变黄，脾脏、心脏、肠道有小出血点，心肌变性呈黄白色。

230. 家禽脂肪肝综合征如何对症治疗？

发病后，应立即降低饲料中能量水平，增加1%~2%蛋白质，病情较严重的禽，直接淘汰。

（1）每1 000 kg饲料中添加硫酸铜63 g、胆碱550~1 000 g、维生素B_{12} 12 mg、维生素E 2万IU、蛋氨酸500 g、肌醇1 000 g，连续饲喂10~15 d。

（2）每1 000 kg饲料中加氯化胆碱1 000~2 000 g，连喂10 d，饮水中添加多种电解质维生素或复方维生素纳米乳，连饮1~2周。

（3）采用燥湿解毒、清热疏肝的中药制剂辅助治疗。

【处方 1】柴胡 30 g，黄芩、丹参、泽泻各 20 g，五味子 10 g。

【用法与用量】粉碎，按每只 1 g，每天早晨拌料一次喂给。

【功效】清热舒肝，燥湿解毒。

【应用】用本方治疗鸡脂肪肝，用药 3 d 后症状缓解，后改为隔天用药，10 d 后病情控制。若在产蛋高峰到来前用药，按每只鸡 0. 5 g，隔 2 d 用 1 次，鸡产蛋率提高。

【处方 2】柴胡 30 g，黄芩、丹参、泽泻各 20 g，五味子、绞股蓝各 10 g，板蓝根 15 g。

【用法与用量】粉碎，按每只 1~3 g，拌料集中一次喂给，连用 5~7 d。

【处方 3】加减茯白散：板蓝根 15~25 g，白芍 10~20 g，茵陈 20~30 g，龙胆草 10~15 g，党参 7. 5~15 g，茯苓 7. 5~15 g，黄芩 10~20 g，苦参 10~20 g，甘草 10~30 g，车前草 10~30 g，金钱草 15~45 g（河南省现代中兽医研究院研制）。

【应用】对多因素如脂肪肝综合征、包涵体肝炎、心包积液综合征、鸭病毒性肝炎、肝炎-脾肿大综合征、鸭呼肠孤病毒病等引起的肝脏肿大等症具有治疗或缓解功效。

【用法与用量】0. 5~2 mL/只，每天 1 次，连用5~7 d。

231. 什么是笼养蛋鸡疲劳综合征？

笼养蛋鸡疲劳综合征又名笼养软脚征，笼养产蛋鸡多发，以腿软、瘫痪为特征的一种营养代谢病。本病的原因很多，一般是由于饲料中维生素 D 及钙磷缺乏或饲料中钙磷比例严重失调致使蛋鸡的甲状旁腺激素分泌增加，促使骨骼中钙盐溶解吸收供鸡体需要，导致钙的不足等引起本病的发生。

232. 笼养蛋鸡疲劳综合征的诊断要点有哪些？

产蛋期多发，肥胖鸡高发，发病率可达 15%~20%，零星死亡；病鸡行走不便，站立困难，常卧伏，喙、爪变软易弯曲；产蛋率下降，软壳蛋和破壳蛋增多；终因采食困难、消瘦而死亡。

皮下瘀血，翅骨和腿骨易折裂，胸肌萎缩，胸骨凹陷呈“S”状弯曲。

233. 笼养蛋鸡疲劳综合征如何防治?

及时查找病因，对症对因治疗，夜间加强光照，给以充足饮水，降低血液黏稠度，饮水中加多种电解质维生素，饲料中补充骨粉或鱼肝油或复方维生素纳米乳及红景天提取物，钙磷达到最高需要量等措施可减少死亡。

234. 什么是蛋鸡开产期水样腹泻综合征?

蛋鸡开产期水样腹泻综合征是临床上多见的一种疾病，也称为顽固性腹泻，以剧烈的水样腹泻为特征，多发生于90~150日龄的蛋鸡，一般不呈传染性，局部地区流行，肉鸡也会出现类似的症状。

235. 蛋鸡开产期水样腹泻综合征的诊断要点有哪些?

病鸡剧烈水样腹泻，粪便稀薄如水，混有白色黏液，如牛奶样，也有黄色、白色、绿色或脓样粪便，肛门附近羽毛被粪便污染。

病鸡精神状态较好，采食量正常，饮水量增加，翅膀下垂，鸡冠发白，鸡体消瘦，生长不良。

产蛋上升幅度与同日龄没有发生本病的健康鸡相比，无明显差异，产蛋率基本不受影响，蛋壳品质变差、颜色发白，蛋变小，蛋重变轻。

鸡体消瘦，肠黏膜充血、出血、脱落，严重时呈急性出血性肠炎，略肿胀；盲肠扁桃体出血；输卵管水肿、充血、出血，卵黄性腹膜炎。

236. 蛋鸡开产期水样腹泻综合征如何治疗?

治疗以补肾固本、健脾和胃、涩肠燥湿、调理中气为原则，及时调整饲料中钙的含量等。发病后及时补充口服补液盐（葡萄糖

88 g、氯化钠 14 g、氯化钾 6 g、碳酸氢钠 10 g，将本品溶解于4 000 mL水中，供鸡自由饮用），饲料中添加中草药、微生态制剂、葡萄糖氧化酶、复方维生素纳米乳等，有较好的疗效。

【处方 1】白龙散：白头翁 600 g，龙胆 300 g，黄连 100 g。

【功效】清热燥湿，凉血止痢。

【主治】湿热泻痢，热毒血痢。

【用法与用量】禽 1~3 g/只。

【处方 2】白头翁散：白头翁、秦皮各 60 g，黄连 30 g，黄柏 45 g。

【功效】清热解毒，凉血止痢。

【主治】湿热泻痢，下痢脓血。

【用法与用量】禽 2~3 g/只。

【处方 3】泻必康散：白头翁、山药、马齿苋、地锦草、穿心莲、金樱子、赤石脂各 40 g，黄连、厚朴各 10 g，黄柏、秦皮、诃子、辣蓼、石榴皮、苍术各 20 g，山楂（炭）、地榆各 60 g。

【功效】清热解毒，和胃止泻。

【用法与用量】混饲，鸡每天 1.5 g，连用 5 d。

【处方 4】化湿止泻散：茯苓、薏苡仁、车前子、苍术（炒）、炒扁豆、穿心莲、赤石脂各 150 g，泽泻 60 g，藿香、葛根、黄柏、麦芽、木香各 100 g，石榴皮 50 g，山楂 90 g。

【功效】健脾化湿、清热解毒、涩肠止泻。

【主治】腹泻，特别适合各种原因引起的水样腹泻、粪便稀薄等症状。

【用法与用量】混饲，鸡 1 g/只，直至痊愈。

【处方 5】杨树花口服液：杨树花。

【用法与用量】混饮，禽每 1 L 水 1~2 mL（每 1 mL 相当于原生药材 1 g）。

【处方 6】三黄汤：黄连 6~10 g，黄柏 6~10 g，大黄 3~5 g。

【用法与用量】煎汁，供 100 只 1 月龄肉鸡 1 d 饮水，每天 1 剂，连用 3 d。

【功效】清热燥湿，泻火解毒。

【应用】用本方治疗鸡腹泻，平均治愈率为99.5%。1~2月龄鸡，用黄连、黄柏各6 g，大黄3 g；2~3月龄鸡，用黄连、黄柏各8 g，大黄4 g；3月龄以上鸡，用黄连、黄柏各10 g，大黄5 g。

【处方7】止痢灵：苍术2份，厚朴、白术、干姜、肉桂、柴胡、白芍、龙胆草、黄芩各1份。

【用法与用量】制成粗粉，加入适量木炭末混匀，按成年鸡每次5 g，雏鸡每次2~3 g，拌入饲料中喂服，每天2次。

【功效】健脾燥湿，涩肠止泻。

【应用】用本方治疗鸡各种腹泻，一般4~6剂，重者连服4 d即愈，治愈率为91.2%。

【处方8】泻痢灵：黄连、葛根、炒山药、炒三仙各30 g，黄芩15 g，白头翁、厚朴、茯苓、炒白芍各20 g，藿香、木香各10 g。

【用法与用量】粉碎混匀，按30日龄内雏鸡每只每天0.5 g，30~60日龄1 g，60日龄以上15 g，加沸水浸泡30~60 min，上清液饮水，药渣拌料喂服。每天上午用药，连用3~5 d。

【功效】清热解毒，燥湿止泻。

【应用】用本方治疗18万只病鸡，治愈率88%，有效率98%。本方适合于消化不良、过量使用抗生素引起的腹泻，以及鸡白痢等。

【处方9】健脾止痢散：党参、黄芪各60 g，白术、炒地榆、黄芩、黄柏、白头翁、苦参、焦山楂各500 g，秦皮50 g。

【用法与用量】粉碎混匀，按每只每天1.5 g拌料饲喂。

【功效】补气健脾，燥湿止痢。

【应用】本方适用于治疗稀粪带有绿水，或白痢，或血便，或粪便混有肠黏膜的肉鸡腹泻。用本方治疗经喹乙醇、痢特灵、敌菌净，庆大霉素治疗10 d效果不明显的肉鸡腹泻，治疗3 d后痊愈率达97%。

【处方10】黄白公英散：生地黄、蒲公英、黄连、黄芩、黄柏、金银花各9 g，白头翁、板蓝根、鱼腥草各12 g，甘草6 g，焦山楂、炒麦芽各 15 g（河南省现代中兽医研究院研制）。

【用法与用量】煎煮后供 200 只鸡饮用。

【应用】治疗腺胃炎、肌胃炎、肠炎及顽固性腹泻等，连用 5 d，效果显著。

【处方 11】焦三仙陈皮散：焦三仙、地榆各 15 g，枳壳 9 g，党参 8 g，黄芪、黄连、连翘、金银花各 11 g，乌梅、诃子、白矾各 13 g，甘草 10 g（河南省现代中兽医研究院研制）。

【用法与用量】煎煮后供 200~300 只鸡饮用。

【应用】治疗鸡腺胃炎、肌胃炎、肠炎及顽固性腹泻等，连用 5 d。

【处方 12】公英金杨散：金樱子、杨树花、蒲公英、地锦草、地榆炭、石榴皮各 12 g，白头翁、黄芩、葛根各 9 g，诃子 11 g，黄连 7 g（河南省现代中兽医研究院研制）。

【功效】清热凉血，燥湿止痢。

【主治】肠炎、顽固性腹泻等。

【用法与用量】禽 0.5~2 mL/只。

237. 什么是啄癖？

啄癖，也称为异食癖，是家禽之间相互啄食的一种疾病，以啄髯、啄冠、啄羽、啄肛、啄趾、啄头、啄蛋为特征，其中以啄羽、啄肛最为常见，多因营养失调所致，饲养环境条件恶劣、饲养管理不当、疾病等也是本病的诱因。任何日龄的禽均可发生，雏鸡发病率最高，其次产蛋蛋禽，轻型品种的鸡比重型品种的鸡更易发生；野禽比家禽的发病率高。啄癖危害较大，影响生长发育，引起生产性能下降，造成死亡。

238. 啄癖的诊断要点有哪些？

本病以躯体羽毛脱落，肛门外翻，流血或直肠脱落、出血、溃疡，嗉囊有大量的羽毛、杂物等为特征。

啄羽癖：啄羽、啄尾，可自啄、被啄、互啄。

啄肉癖：啄肉、啄冠、啄头、啄背、啄趾。

啄肛癖：啄肛门，啄脱出肠。

啄蛋癖：啄蛋。

啄食癖：啄食杂物等。

239. 啄癖如何治疗?

发现啄癖立即隔离饲养，饲料中添加微量元素、鱼肝油或复方维生素纳米乳、适量的食盐，并使用一些中药制剂治疗。

【处方1】茯苓、防风、远志、郁金、酸枣仁、柏子仁、夜交藤各250 g，党参、栀子、黄芩、秦艽各200 g，黄柏、臭芜荑、炒神曲、石膏（另包）、炒麦芽各500 g，麻黄、甘草各150 g。

【用法与用量】上方药量为1 000只成年鸡5 d用量，每天1次，开水冲调，闷30 min，一次拌料，雏鸡酌减。

【应用】用本方治疗鸡啄癖，治愈率90%。同时应用鱼肝油配合治疗，效果更佳。

【处方2】茯苓、钩藤各8 g，远志、柏子仁各10 g，甘草、五味子、浙贝母各6 g。

【用法与用量】水煎浓汁，供10只鸡1次内服，每天3次。

【应用】用本方治疗鸡啄癖，效果良好。还可以使用以下方法：①牡蛎90 g，每1 kg体重每天3 g，拌料内服；②远志200 g、五味子100 g，共研为细末，混于10 kg饲料中，供100只鸡1 d喂服；③羽毛粉，按3%的比例拌料饲喂。

【处方3】生石膏粉、苍术粉。

【用法与用量】在饲料中添加3%~5%生石膏粉及2%~3%的苍术粉饲喂。

【应用】本法适用于鸡啄羽癖。应用本方同时注意清除嗉囊内羽毛，可用灌油、勾取或嗉囊切开术。

【处方4】石膏。

【用法与用量】每只鸡每天在饲料中添加1~2 g。

【应用】用于啄羽癖效果显著，还可提高产蛋率。

【处方5】食盐。

【用法与用量】在饲料中加入1%～2%的食盐，连喂3～4 d。

【应用】用于缺少食盐引起的啄肛、啄趾、啄翅膀恶癖。也可用以下两法治疗鸡啄蛋癖：①蛋壳炒后让鸡啄食；②鲜蚯蚓洗净，煮3～5 min，拌入饲料饲喂，每只蛋鸡每天喂50 g左右，既能防治啄蛋癖，又可增加蛋白质，提高产蛋量。

240. 什么是鸭淀粉样变性?

鸭淀粉样变性又名“鸭大肝病”“ 鸭水裆病”，是一种病因不明的慢性疾病，常因淀粉样物质在内脏器官中广泛沉着而引起鸭发病死亡，见于成年鸭，主要是产蛋母鸭，而公鸭则罕见。

目前无有效治疗方法。

241. 鸭淀粉样变性的临床症状有哪些?

病鸭精神沉郁，喜卧，不愿活动、下水或行动缓慢；少数病鸭腿部肿胀，跛行，腹部膨大、下坠，触诊有波动感，呈企鹅样站立，有时也可触及质地较硬且肿大的肝脏。

242. 鸭淀粉样变性的病理变化有哪些?

腹腔内充满透明浅黄色或血样腹水，腹水较多时，心脏体积增大，心壁变软，心肌柔软、松弛；肝脏肿大1～3倍，呈灰黄色、棕黄色或黄绿色，质地较硬、切面致密，呈地图样或斑驳状，有时肝破裂；脾脏正常或肿大，质脆易碎，瘀血。

输卵管与卵巢萎缩，卵膜充血、出血，卵泡充血、出血、变形、变色、变性或表面被纤维素性渗出物覆盖或结缔组织包裹，卵黄性腹膜炎，肠粘连。

少数病例有气囊炎、心包炎、肝周炎等。

243. 食盐中毒的临床症状有哪些?

食盐中毒分为急性中毒、慢性中毒。

急性中毒：病禽极度口渴，狂饮不止，食欲废绝，尖叫，口鼻流出大量的黏液，嗉囊软胀，剧烈下痢，运动失调，时而转圈、时而倒地，两腿无力，迅速死亡。

慢性中毒：病禽持续性腹泻，厌食，饮水量异常增多，发育迟缓，精神不振。

244. 食盐中毒的病理变化有哪些？

病理变化以尸僵不全，血液黏稠、凝固不良为特征。

皮肤干燥，呈蜡黄色；嗉囊膨大充满液体；头部皮下水肿，肺水肿；腺胃黏膜充血，表面形成假膜；急性卡他性肠炎或出血性肠炎，黏膜充血；脑膜充血，有针尖大的出血点；肝变硬，有出血点或出血斑；肾脏肿大、色淡；心肌、心冠脂肪有小出血点，腹腔和心包积液等。

245. 喹乙醇中毒的临床症状有哪些？

喹乙醇中毒分为急性中毒、慢性中毒。

急性中毒：病禽精神严重沉郁，缩头呆立，动作迟缓，流涎，采食量下降，饮水量增加，拉黄白色稀粪；部分病禽兴奋，呼吸急促，乱窜急跑，走路摇摆，甩头抽搐，痉挛，角弓反张，脚软瘫痪，衰竭死亡。

慢性中毒：病禽冠和肉髯变暗红或黑紫色，下痢，软脚，零星死亡。

水禽（鸭、鹅）上喙有水疱，破裂脱皮，干涸龟裂，喙上短下长，单侧或双侧失明，或脚蹼变形，角质层坏死。

246. 喹乙醇中毒的病理变化有哪些？

血液暗红，凝固不良，心肌弛缓，心外膜充血、出血，心包液增多；肝脏肿大、出血，色暗红，质脆，表面有出血点；肾脏肿大、瘀血，质脆软，肾小管及输尿管内含有灰白色尿酸盐；腺胃黏膜出血，肌胃角质层下有出血点或出血斑，腺胃与肌胃交界处有出血带；

十二指肠与泄殖腔黏膜弥漫性出血，盲肠充血、出血，盲肠扁桃体肿胀、出血；脑膜充血、出血；胸肌、腿肌有条状出血。

247. 亚硝酸盐中毒的临床症状有哪些？

亚硝酸盐中毒分为急性中毒、慢性中毒。

急性中毒：病禽突然挣扎、倒地死亡，死后尸僵完全。

慢性中毒：病禽精神不振，喙部发绀，食欲减退或废绝，流涎，口吐白沫，拉稀粪，步态不稳，驱赶时行走无力，摇摆不定。

病程稍长时呼吸困难，口腔黏膜、眼结膜和胸、腹部皮肤发绀，全身抽搐，下肢瘫痪，卧地不起，因窒息死亡。

248. 亚硝酸盐中毒的病理变化有哪些？

皮肤发绀，心肌变软，血液稀薄，呈褐色酱油状，凝固不良；肠黏膜充血，脱落或溃疡；肝脏偶见有针尖状出血点，色变暗；肾脏为灰蓝色或浅灰色等。

249. 磺胺类药物中毒的临床症状有哪些？

病禽精神沉郁，羽毛蓬松，眼半开似睡，不愿运动，躯体蜷缩，痉挛、麻痹，肌肉颤抖。头部肿大，呈蓝色；眼结膜苍白、黄染。少食或拒食，饮欲增加；下痢，粪便呈酱色。皮下广泛性出血，多因出血过多而死亡，死前挣扎，鸣叫。

250. 磺胺类药物中毒的病理变化有哪些？

皮下、肌肉广泛性出血，尤其是腿、胸肌更为明显，有出血斑点；心内外膜有斑块出血，心肌有刷状出血和灰色结节区；脑膜充血、水肿；胸、腹腔内有淡红色积液；胃肠道黏膜充血、出血；肝脾肿大、出血；肾肿大、苍白、出血呈花斑状；输尿管变粗，管内充满白色尿酸盐。

251. 黄曲霉素中毒的诊断要点有哪些？

黄曲霉素中毒可采用生物脱霉剂预防、治疗。

病禽食欲缺乏，生长减慢，异常尖叫，啄羽，脚蹼出血，后期出现跛行、消瘦、贫血、共济失调、角弓反张等症状；成年禽食欲减退，消瘦，贫血，产蛋率下降，小蛋增多，种蛋孵化率降低。

急性中毒病例：肝脏肿大，颜色变淡呈灰色，有出血斑点，表面呈网格状；肺脏表面及切面有大小不一的灰白色病灶；胆囊扩张；肾脏苍白和稍肿大；胸部皮下和肌肉有时出血。

慢性中毒病例：肝脏体积缩小呈黄色，质地坚硬，肝表面常有白色点状或结节状增生病灶。

252. 生石灰中毒的诊断要点有哪些？

生石灰中毒多发生于家庭散养的禽类。

病禽精神不振，羽毛蓬乱，翅膀下垂，只饮不食，拉灰白色稀粪，低头缩颈，呈昏睡状，终因虚脱而死。

食道、嗉囊及气管充血；肌胃角质层下有黄豆粒大或蚕豆粒大的糜烂斑；十二指肠出血，直肠黏膜水肿、溃疡；肝脏肿大易碎，脾脏肿大；胆囊胀满，胆汁黏稠。

253. 什么是鸡肌胃糜烂病？

鸡肌胃糜烂病是由多种致病因素引起鸡的肌胃角质膜糜烂、溃疡的一种消化道疾病，是一种与哺乳动物和人的胃肠溃疡出血相类似的非传染性疾病，又曾称为“黑色呕吐病”。本病主要发生于肉鸡，其次为蛋鸡和鸭，发病年龄多数在 2 周龄到 2.5 月龄。以食欲减退，精神倦怠，呕吐黑色物，贫血消瘦及肌胃角质膜糜烂、溃疡为特征，目前发病率很低。

254. 鸡肌胃糜烂病的诊断要点有哪些？

倒提病鸡时，口内流出黑褐色黏液。病鸡厌食，精神不振，羽毛松乱，闭眼缩颈，蹲伏。严重感染时腹泻，排出黑色混有血液的稀粪；肌胃体积增大，胃壁变薄，松软，内容物为黑褐色，肌胃的皱襞深部有局部性糜烂。病程长时整个肌胃角质膜弥漫性糜烂、溃疡，溃疡深达肌层深部，导致肌胃壁穿孔。

255. 鸡肌胃糜烂病如何治疗？

饮水：碳酸氢钠按照0.2%~0.4%比例添加，早晚各1次，连用2 d。

拌料：白及、甘草、白头翁、血见愁各5 kg，粉碎后连同500 g甲氰咪胍加入1 000 kg饲料中，混合均匀后使用，连用3 d后，再将上述中药继续饲喂5~7 d。

肌内注射：严重时，每只病鸡肌内注射维生素K_3 0.5~1 mg或酚磺乙胺50~100 mg，按每1 kg体重注射青霉素5万IU 。

256. 什么是鸭光过敏综合征？

鸭光过敏综合征是因鸭采食含有某些光过敏物质（如莴苣、油菜、荞麦、苕子草等）的饲料，在阳光照射后发生的一种植物毒素中毒症，而采食过量的喹乙醇或乙酰甲喹或喹诺酮类药也可诱发本病，以病鸭上喙、脚蹼变形及角化层脱落为特征。

本病无特效治疗药，仅靠预防——应加强饲养管理，禁止饲喂含某些光过敏物质的饲料。发现病鸭应立即更换饲料，立即将病鸭转移到阴暗处，投喂适量葡萄糖、维生素C，并补充足量的维生素A、维生素D、维生素E。

257. 鸭光过敏综合征的诊断要点有哪些？

病鸭精神委顿，采食量减少或不吃不喝，眼闭嗜睡，肿眼肿头，眼光红，站立不稳，强行驱赶时打晃，惊叫不安，呼吸加快，常窒息而死。

病鸭上喙角质层有出血斑点或角质下层水肿，形成黄豆至蚕豆大小的水疱，水疱逐渐扩大、破溃，痂皮脱落，露出红色的角化层的下层。病程进一步发展时，上喙变短，有的边缘向上翻卷。

部分病鸭脚蹼有水疱、破溃，出现脚蹼变形、行走困难、眼结膜炎、流泪、流涕、消瘦等症状。

腺胃、胰脏、肠道有出血点，胸腔、腹腔及心包积水，皮下出血，胃内残有灰菜等富含光敏物质的菜类。

第五章 其他杂症

258. 什么是腹水综合征？

腹水综合征多发生于肉禽，是由多种致病因子造成的以慢性缺氧、代谢机能紊乱而引起的右心室肥大扩张、肺瘀血水肿、肝肿大和腹腔大量积液为特征的疾病。

259. 腹水综合征的临床症状有哪些？

本病四季均可发生，最早 3 日龄雏鸡发病，3～6 周龄的肉鸡多发，快大型品种肉鸡及肉鸭、肉鹅等易发病。

病禽精神沉郁，食欲减退，呼吸困难，冠髯发紫；腹部膨大，鼓胀如水袋，下垂，触摸有明显波动感，腹部皮肤变薄发亮呈暗褐色；站立困难，以腹部着地呈企鹅状，行动缓慢，呈鸭步样；腹泻，拉白色、黄色或绿色稀粪，有时怪叫，出现腹水后 2 d 左右死亡。

260. 腹水综合征的病理变化有哪些？

腹腔中积有大量澄清透明液体或胶冻样积液，内有纤维蛋白凝块或絮状物，积液呈淡黄色或带血色，若肝脏破裂则出现带血腹水。心脏体积增大，心壁变薄，右心室明显扩张、柔软，心包积液，积液有时呈胶冻状。肝脏肿大、充血或瘀血或萎缩、硬化，实质部有圆形斑点或结节，表面有灰白色或淡黄色胶冻样物覆盖，类似蛋清。肺脏瘀血、水肿；肾脏肿大、充血，有尿酸盐沉积；脾脏萎缩；胆囊充盈；肠道出血，肠管变细，内容物稀少；肌肉出血。

261. 腹水综合征如何治疗?

及时消除病因，用抗微生物药拌料或饮水以控制细菌的继发感染；采用清热利湿、通淋、消肿的中药制剂消除和减少腹水，并限制饮水，调整钠盐平衡。

【处方1】肾肿腹水消散：猪苓、泽泻各10 g，苍术、陈皮、滑石各30 g，桂枝、姜皮、木通、茯苓各20 g。

【用法与用量】混饲，鸡每1 kg饲料5 g，连用3~5 d，预防用量减半。

【处方2】二苓车前子散：猪苓、茯苓、泽泻、白术、丹参、车前子、葶苈子、陈皮、山楂各20 g，桂枝、附子、炙甘草各10 g，滑石40 g，六神曲30 g。

【用法与用量】混饲，鸡每1 kg饲料20 g。

【处方3】泽苓利水散：黄芪200 g，泽泻、紫草、茯苓各150 g，绞股蓝350 g。

【用法与用量】混饲，鸡每1 kg饲料4 g。

【处方4】当归芍药散：当归、川芎、泽泻、白芍、茯苓、槟榔各30 g，白术、木香、生姜、陈皮、黄芩、龙胆草各20 g，生麦芽10 g。

【用法与用量】混合粉碎，过100目筛，供100~150只，7~35日龄肉仔鸡拌料饲喂，连用3 d为1个疗程。

【应用】用本方治疗2 500只肉仔鸡，一般1~2个疗程治愈，治愈率达97.5%。

【处方5】腹水消：丹参50 g，川芎30 g，茯苓20 g。

【用法与用量】粉碎混匀，按每1 kg饲料加药4 g喂服。

【应用】用本方能有效治疗肉鸡腹水综合征。还可将3种药物混合煮沸30 min，继续浸泡120 min，加开水调至每1 mL含生药1 g，每1 kg水加药2 mL饮服，每天2~3次，3~5 d为1个疗程。

【处方6】党参、陈皮各45 g，黄芪、赤芍、甘草各50 g，苍术、木通各30 g，瞿麦40 g，茯苓35 g。

【用法与用量】粉碎，按每 1 kg 体重 1 g 拌料饲喂，每天 2 次，连用 3 d。

【应用】用本方治疗肉鸡腹水综合征，治愈率达 98%以上。

262. 什么是肠毒综合征？

肠毒综合征是诸多因素引起家禽的一种肠道炎症的总称。本病主要危害肉鸡、雏鸡及青年鸡。临床特征为腹泻、生长迟缓、消瘦、贫血，病理特征为肠黏膜脱落、出血。

本病四季均可发生，不同品种的鸡均可感染发病，多发于 12~30 日龄的肉鸡和 20~130 日龄的蛋鸡，饲养密度过大、鸡舍潮湿闷热、通风不良、卫生条件差时发病率高，症状也较严重。

263. 肠毒综合征的临床症状有哪些？

病鸡初期拉稀薄、不成形的粪便，内含没有消化的饲料；2~3 d 后，采食量明显下降，增重缓慢或发育不良，消瘦，贫血；中期精神沉郁，闭目呆立；后期尖叫、兴奋、跳跃、瘫痪、昏迷等，终因脱水而衰竭死亡。

264. 肠毒综合征的病理变化有哪些？

发病早期肠黏膜增厚，颜色变浅，呈灰白色，像一层厚厚的麸皮，极易剥离，有的肠腔内没有内容物，有的内容物中含有尚未消化的饲料。发病中后期肠壁变薄，黏膜脱落，肠内容物呈蛋清样或黏脓样。病情严重时，肠黏膜几乎完全脱落崩解，肠壁菲薄，肠内容物呈血色蛋清样或黏脓样、柿子样；肝脏、脾脏有细小的坏死灶散在。

265. 肠毒综合征如何治疗？

发病后，按照多病因的治疗原则为思路，以增强机体免疫力为基础，治疗球虫病和肠道致病菌混合感染为前提，采用中西医治疗，标本兼治。

根据病因选择抗微生物药、抗球虫药、微生态制剂及中药制剂治疗。

【处方1】青蒿白头翁散：青蒿60 g，白头翁、地榆、墨旱莲、白芍、山楂各15 g，黄芩、木香各10 g，山大黄20 g，鸦胆子、白矾各2 g，板蓝根25 g，雄黄1 g，甘草5 g。

【用法与用量】每1 kg饲料10 g（以治疗球虫感染为主）。

【处方2】驱球止痢散：常山960 g，白头翁、龙牙草、马齿苋各800 g，地锦草640 g。

【用法与用量】混饲，禽每1 kg饲料2~2.5 g（以治疗球虫感染为主）。

【处方3】白马黄柏散：白头翁、黄柏各300 g，马齿苋400 g。

【用法与用量】禽1.5~6 g/只。

【处方4】清瘟治痢散：大青叶、板蓝根、拳参、绵马贯众、白头翁各15 g，紫草、地黄、玄参、黄连、木香、柴胡各10 g，甘草6 g。

【用法与用量】混饲，鸡每1 kg饲料5 g。

【处方5】三味拳参散：拳参1 400 g，穿心莲1 000 g，苦参1 600 g。

【用法与用量】混饲，禽每1 kg饲料5 g。

【处方6】金叶清瘟散：金银花、大青叶各320 g，板蓝根、柴胡各240 g，蒲公英、紫花地丁、连翘、甘草各160 g，鹅不食草128 g，花粉、白芷各120 g，防风80 g，赤芍48 g，浙贝母112 g，乳香、没药各16 g。

【用法与用量】混饲，禽每1 kg饲料5~10 g。

【处方7】青龙散：青蒿、血见愁各10 g，苦参、龙牙草、地锦草、白头翁各9 g，地胆草、柴胡各8 g，太子参6 g（河南省现代中兽医研究院研制）。

【功效】清热凉血，杀虫止痢。

【主治】球虫病、肠毒综合征、腹泻等。

【用法与用量】禽0.5~2 mL/只。

【处方 8】公英金杨散：金樱子、杨树花、蒲公英、地锦草、地榆炭、石榴皮各 12 g，白头翁、黄芩、葛根各 9 g，诃子 11 g，黄连 7 g（河南省现代中兽医研究院研制）。

【功效】清热凉血，燥湿止痢。

【主治】肠炎、顽固性腹泻等。

【用法与用量】禽 0.5～2 mL/只。

266. 什么是传染性腺肌胃炎?

传染性腺肌胃炎是一种以鸡生长不良、消瘦、整齐度差，腺胃肿大如乳白色球状，腺胃增厚，腺胃乳头凹陷、出血、溃疡，肌胃角质层易剥离、皲裂、溃疡、糜烂为主要特征的疾病。

本病病因复杂，各品种鸡均可发病，肉鸡发病呈上升趋势，肉鸡发病率最高，发病日龄不等，7～21 日龄高发，最早 1 日龄可见腺胃肿胀、肌胃溃疡。

本病具有两大三抑制四萎缩（腺胃和肝脏肿大，采食量抑制、生长抑制、免疫抑制，肌胃萎缩、胸腺萎缩、胰腺萎缩、法氏囊萎缩）的特征，发病后 5～8 d 为死亡高峰，耐过鸡生长速度缓慢，采食量很难恢复正常水平，死淘率高。

267. 传染性腺肌胃炎的临床症状有哪些?

病鸡精神沉郁，缩头垂尾，翅下垂，羽毛蓬乱不整，长出小尾巴，采食量及饮水量减少。机体苍白，喙、鸡爪褪色，生长迟缓或停滞，大小差异显著，极度消瘦。有些鸡流泪、肿眼、咳嗽，排白色或绿色稀粪，粪便中常有未消化的饲料。

268. 传染性腺肌胃炎的病理变化有哪些?

腺胃肿大如球，呈乳白色，灰白色格状外观；腺胃壁增厚、水肿，指压可流出浆液性液体；腺胃黏膜肿胀、变厚，乳头肿胀、出血、溃疡，有的乳头已融合，界限不清。肌胃变软，角质层易剥离、皲裂、溃疡、糜烂等。肌胃、胸腺、脾脏及法氏囊萎缩，肠道有不同程度的出血性炎症。

269. 传染性腺肌胃炎如何治疗?

发病后应采取对症治疗的原则。

(1) 抗微生物药、脱霉剂、复合维生素B可溶性粉或复方维生素纳米乳饮水或拌料。配合转移因子、干扰素、脾脏水解粉/水解液等饮水治疗。

(2) 中药制剂治疗。

【处方1】黄白公英散：生地黄、蒲公英、黄连、黄芩、黄柏、金银花各9 g，白头翁、板蓝根、鱼腥草各12 g，甘草6 g，焦山楂、炒麦芽各15 g（河南省现代中兽医研究院研制）。

【用法与用量】煎煮后供200只鸡饮用。

【应用】治疗腺胃炎、肌胃炎、肠炎及顽固性腹泻等，连用5 d，效果显著。

【处方2】焦三仙陈皮散：焦三仙、陈皮、地榆各15 g，枳壳9 g，党参8 g，黄芪、黄连、连翘、金银花各11 g，乌梅、诃子、白矾各13 g，甘草10 g（河南省现代中兽医研究院研制）。

【用法与用量】煎煮后供200~300只鸡饮用。

【应用】治疗鸡腺胃炎、肌胃炎、肠炎及顽固性腹泻等，连用5 d。

270. 什么是中暑?

中暑因烈日暴晒、环境温度过高或舍内通风不良，过分拥挤，饮水供应不足等多因素导致家禽中枢神经紊乱、心衰猝死的一种急性病，包括热射病和日射病。

271. 中暑的临床症状有哪些?

刚死亡的禽胸腹腔内温度高，灼手。

热射病：突然发病，体温升高，呼吸急迫，张口喘气，两翅张开，晕眩，不站立，食欲减退或废绝，饮水增加或不饮水，昏迷，虚脱，惊厥，死亡。

日射病：体温高，烦躁不安，战栗，麻痹，痉挛，昏迷，死亡。

272. 中暑的病理变化有哪些？

全身静脉瘀血，血液凝固不良；肌肉苍白、贫血，胸肌呈水煮样；脑膜充血、出血、瘀血或水肿；心冠脂肪点状出血，心包积液；肺脏瘀血，水肿；肝肿大，土黄色，有出血点；腺胃变薄，乳头变小，胃穿孔；肠黏膜脱落，肠壁变薄，肠腔内积有大量气体引起肠管变粗；泄殖腔外翻、出血，卵泡充血，输卵管内有成形蛋。

273. 中暑如何治疗？

发生中暑时，立即将病禽置于阴凉通风处或浸于冷水中片刻或凉水喷洒，以降低体温，同时禽舍采用凉水喷洒地面，做好通风工作等。个别严重禽采用藿香正气水口服液灌服，全群饮水，每只5~10 mL。

（1）抗热应激药治疗。

1）碳酸氢钠：按照0.1%~0.2%比例混饮，维生素C按照每吨饲料添加200~400 g。

2）口服补液盐：葡萄糖88 g、氯化钠14 g、氯化钾6 g、碳酸氢钠10 g，溶解于4 000 mL水中，供鸡自由饮用，可缓解热应激引起的电解质紊乱。

3）复方氯化铵可溶性粉：氯化铵66.2 g、氯化钾33.3 g、维生素B_1 0.08 g、维生素B_2 0.08 g、维生素B_6 0.075 g、维生素E 0.27 g，饮水，鸡每1 L水2 g，用于鸡抗热应激反应，减少热应激引起的死亡。

（2）中药制剂辅助治疗。

【处方1】香薷散：香薷、当归、黄连、栀子、天花粉、连翘各30 g，黄芩45 g，甘草15 g，柴胡25 g。

【用法与用量】禽1~3 g/只。

【处方2】应激安散：刺六加、酸枣仁、黄芪、白头翁、白术各

80 g，远志 60 g，茯苓、麦芽、陈皮、甘草、金银花、厚朴、秦皮、炒神曲、炒山楂、黄芩、黄柏、苦参、艾叶各 30 g，延胡索、黄连各 15 g，木香 20 g，龙胆、党参各 50 g。

【用法与用量】拌料或水煎，鸡每 1 kg 体重 1~2 g，每天 2 次。

【处方 3】解暑抗热散：滑石粉 51 g，甘草 8.6 g，碳酸氢钠40 g，冰片 0.4 g。

【用法与用量】禽 1~3 g/只。混饲，鸡每 1 kg 饲料 10 g。

【处方 4】清暑消食散：田基黄、铁线草、金钱草各 150 g，葫芦茶、岗茶、布渣叶各30 g，地龙、崩大碗、海金沙、冰糖草、白省叶、地稔各 200 g。

【用法与用量】上方为 6 000 只鸡生药用量。煎汁自饮或拌料饲喂。

【应用】用本方对 6 000 只雏鸡进行试验观察，育成年鸡的成活率达 91.5%。经 40 多万只鸡的临床应用，成活率均在 93%以上，经济效益显著。

【处方 5】清暑散：葛根、薄荷各 140 g，淡竹叶 120 g，滑石 60 g，甘草 40 g。

【用法与用量】加工成粉剂拌料饲喂。每只成年鸡每天 1 g，雏鸡酌减。

【功效】清热消暑。

【应用】用本方预防治疗鸡中暑，效果良好。本方适用于干热天气。

【处方 6】茯神散：茯神 40 g，朱砂 10 g，雄黄 15 g，薄荷、黄芩各 30 g，连翘、玄参各 35 g。

【用法与用量】共研细末，冲水 5 L 供 100 只鸡饮用。对于病情严重不能饮用的病鸡，可用注射器注入嗉囊内。

【功效】安神宁心，清热消暑。

【处方 7】白扁豆（生）140 g，香薷、藿香各 120 g，滑石 80 g，甘草 40 g。

【用法与用量】加工成粉剂拌料饲喂。每只成年鸡每天 1 g，雏鸡酌减。

【功效】健脾化湿，消暑和中。

【应用】用本方预防治疗鸡中暑，效果良好。本方适用于闷热潮湿天气。

【处方 8】藿香、蒲公英、连翘、板蓝根、竹叶、薄荷各 100 g，雄黄、明矾各 30 g，苍术、龙胆草各 50 g，甘草 20 g。

【用法与用量】粉碎拌料或煎汁饮水，供 100 只鸡 5 d 用。

【功效】清热祛暑，健脾化湿。

【应用】用本方治疗鸡中暑效果良好。用药的同时加大通风量，往鸡的头部、背部喷洒纯净的凉水，特别是在每天的 14：00 时以后，气温高时每 2~3 h 喷 1 次；饲喂马齿苋或西瓜皮，每只鸡每天 1~2 kg。

274. 什么是鸡肿头综合征？

鸡肿头综合征是以头部高度肿胀及呼吸道症状为特征的一种急性传染病，4~7 周龄的商品肉鸡和育成年鸡常发病，也见于成年蛋鸡，传播迅速，2 d 内可波及全场各群。

一般认为鸡首先感染禽偏肺病毒，引起鼻炎和皮肤搔伤，造成大肠杆菌感染，侵入面部皮下组织，引起肿头症状。

275. 鸡肿头综合征的临床症状有哪些？

病初鼻窦和眶下窦及面部严重肿胀，精神沉郁，眼、鼻流出分泌物，打喷嚏、咳嗽、喘鸣，爪不停地挠面部，48 h 后出现典型症状，头、面部、眼睑及肉髯明显浮肿，斜颈、定向障碍，结膜炎，眼内角呈卵圆形突出，眼裂变小、闭合，严重时因眼球受到压迫而单侧或双侧失明，下颌和颈部高度水肿造成采食及饮水困难而死亡。

皮下肿胀，皮下组织充满胶冻状渗出物或干酪样坏死，肉髯发绀、坏死，结膜炎，角膜溃疡，卵黄性腹膜炎。

蛋鸡为急性卵黄性腹膜炎，腹腔内有脱落的卵黄和蛋壳碎片等。

276. 鸡肿头综合征如何治疗？

发病后选用敏感抗微生物药饮水或拌料，配合转移因子、干扰素、脾脏水解粉/水解液、多种维生素电解质或复方维生素纳米乳饮水，饲料中添加清热解毒、活血化瘀、止咳平喘的中药制剂辅助治疗。

【处方1】普济消毒散：大黄、连翘、板蓝根各30 g，黄芩、薄荷、玄参、升麻、柴胡、桔梗、荆芥、青黛各25 g，黄连、马勃、陈皮各20 g，甘草15 g，牛蒡子45 g，滑石80 g。

【用法与用量】禽1~3 g/只。

【处方2】黄连、玄参、陈皮、桔梗各1 000 g，黄芪、板蓝根、连翘各2 000 g，马勃、牛蒡子、薄荷、僵蚕、升麻、柴胡、甘草各500 g。

【用法与用量】分4份，每天1份，水煎取汁，早晚各服一次，供3 000只鸡使用。3 d后痊愈，未复发。

【处方3】石翘散：生石膏、水牛角各12 g，知母、生地黄、牡丹皮、板蓝根、竹叶各9 g，甘草、连翘各7 g，大青叶11 g，黄连、金银花各6 g，人参叶5 g（河南省现代中兽医研究院研制）。

【用法与用量】禽0.25~1.5 mL/只，每天1次，连用3~5 d。病情严重时加倍使用。

277. 什么是多病因呼吸道病？

多病因呼吸道病是一种病程漫长、病因复杂的呼吸道疾病的统称。因该病的病因多样化，慢性呼吸道病、大肠杆菌病、新城疫、传染性支气管炎、禽流感、霉菌感染等是引起本病的主要因素，发病过程复杂而漫长，治疗效果不佳，终因治愈率低而给养殖业带来很大的损失。

278. 多病因呼吸道病的诊断要点有哪些？

本病四季均可发生，商品肉鸡高发，肉鸡死亡率和发病率高于蛋鸡，发病率 20%~75%，死亡率高达 30%，病因多种，如呼吸道病之间的相互作用、免疫抑制性病原体的影响、环境因素的作用、疫苗反应、药物使用不当等，养殖环境差的养殖场发病最严重。

家禽采食量下降，精神委顿，肿头，流泪，打呼噜、咳嗽或甩头；产蛋率下降幅度不大，蛋壳颜色发白，薄壳蛋、砂壳蛋增加。

气管及支气管充血、出血，内有黏液或黄白色干酪样物，干酪样物堵塞喉头；气囊混浊、增厚，心包炎、肝周炎、气囊炎；肠道多处出血，盲肠扁桃体肿胀、出血，肝、脾肿大等。

279. 什么是阴茎脱垂？

阴茎脱垂俗称“掉鞭”，是鸭、鹅常见的生殖器官疾病，以阴茎外伤、脱垂、炎症或溃疡，不能回缩泄殖腔为特征。本病因交配后阴茎在外面被其他雄性咬伤或与地面摩擦受损，或阴茎黏上较多的河沙、垫草、粪尿等污物，或在水中被蚂蟥、鱼类咬伤，或公母比例不当而交配过频受损，感染细菌后导致本病发生。

280. 阴茎脱垂的诊断要点有哪些？

病禽精神委顿，不愿运动与采食，阴茎脱垂不能收回，脱垂的阴茎长 8~10 cm，呈潮红或紫红色，阴茎被脏物污染后，发炎、肿胀、溃疡。阴茎基部有 3~6 cm 的黏膜发炎、肿胀、瘀血或出血、溃疡，阴茎萎缩，有的沾有灰白色糠皮状干酪样物质。

少数病禽匍匐地面，体温升高达 43 ℃以上，不吃不喝，2~3 d 后死亡。

281. 阴茎脱垂如何治疗？

发炎部位若出现溃疡、坏死时，无治疗价值，直接淘汰。

病初阴茎不能收回时，隔离治疗，用 0.1% 高锰酸钾水冲洗阴茎，涂上凡士林、红霉素、磺胺软膏，并将阴茎推纳整复。

辅助药物治疗：青霉素、链霉素各 2 万~4 万 IU/只，肌内注射，每天 2 次，连续注射 3 d。注射后第 2 天，饲料中加入氟苯尼考粉、盐酸多西环素可溶性粉，拌匀，连喂4~5 d，饮用水中添加阿莫西林可溶性粉或氨苄西林钠可溶性粉等，连用4~5 d。

阴茎已发炎、体温升高的病例，除采用以上方法外，单独笼养，每天用38 ℃高锰酸钾水清洗阴茎1次，人工辅助阴茎收回的同时，口服活血祛瘀、消肿止痛的中药煎液：桃仁、红花、乳香、牛膝、续断、杜仲各10 g，供10~15只鸭、鹅用，连用4~5 d。

282. 什么是皮下气肿？

皮下气肿俗称气嚷或气脖子，是由于大量空气窜入颈部或胸腹部皮下所引起的臌气，以精神沉郁、呆立、呼吸困难、臌气为特征。本书主要介绍鸭、鹅的皮下气肿。

283. 皮下气肿的诊断要点有哪些？

病鸭、鹅精神沉郁，呆立，气喘，咳嗽，呼吸困难，食欲减退或废绝，颈部羽毛逆立，臌气扩散至胸背、腹部及至两腿部，致使胸腹围增大，全身皮肤紧张，似半透明圆筒状，叩诊呈浊鼓音，终因采食困难，衰竭而亡。

寄生虫引起性的气肿：病鸭、鹅因呼吸窒息而死，肺部有少量新旧出血性孔道，气管壁、副鼻窦或肺脏有数量不等的虫体。

物理损伤性气肿：尸体消瘦，全身臌气，剪破皮下有气体溢出，内脏器官无明显变化。

284. 皮下气肿如何治疗？

发病后，隔离饲养。

寄生虫病引起的气肿：碘液1 mL/只，注入气管，连用5 d。

鼓胀部位用灭菌针尖刺破，或用烧红的铁条烙口，缓解症状，逐渐痊愈，但因气体不断产生，必须不断重复。若有创口或细菌感染时抗生素治疗。

285. 产蛋异常综合征的诊断要点有哪些？

产蛋异常综合征指的是蛋鸡无产蛋高峰、产蛋量徘徊不前及产蛋下降的总称。

产蛋高峰期产蛋量80%左右，或者比预产期的产蛋率低10%~15%，鸡群采食、精神均正常。

产蛋快速增长期（开产之后或疾病之后），产蛋率上升缓慢，甚至徘徊不前，或者忽高忽低呈反复状。

产蛋率缓慢下降，下降幅度不大，蛋质变差，白壳蛋、薄壳蛋、砂壳蛋或血斑蛋增加，采食量、精神正常。

286. 产蛋异常综合征如何治疗？

（1）抗微生物药饮水或拌料治疗时，配合鱼肝油拌料或复方维生素纳米乳、转移因子、干扰素、脾脏水解粉/水解液饮水等。

（2）中药辅助治疗。

【处方1】益母增蛋散：黄芪、熟地黄各60 g，当归、板蓝根、山楂各80 g，淫羊藿、女贞子、益母草各150 g，丹参、紫花地丁、地榆各50 g，甘草40 g。

【主治】鸡输卵管炎及其引起的产蛋功能低下。

【用法与用量】混饲，鸡每1 kg饲料5~10 g。

【处方2】加味激蛋散：松针、玄明粉各300 g，麦芽200 g，虎杖33.4 g，丹参26.6 g，菟丝子、当归、川芎、牡蛎、肉苁蓉各20 g，地榆16.7 g，丁香6.6 g，白芍26.7 g。

【主治】治疗产蛋功能低下。

【用法与用量】混饲，鸡每1 kg饲料25 g，连用5 d。

【处方3】板蓝根当归散：板蓝根、当归、黄连各60 g，苍术40 g，金银花100 g，六神曲70 g，麦芽90 g，诃子20 g。

【主治】清热解毒，湿热内蕴胞宫所致的鸡产蛋机能下降。

【用法与用量】混饲，鸡每1 kg饲料20 g，连用7 d。

【处方4】五味贞芪散：女贞子、淫羊藿、五味子各100 g，松针

650 g，黄芪 50 g。

【主治】高温引起的产蛋率下降。

【用法与用量】混饲，鸡每 1 kg 饲料 5 g，连用 5～7 d。

【处方 5】九味黄芪颗粒：黄芪、杜仲各 225 g，续断、白术、补骨脂、大枣各 150 g，白芍 90 g，山药 300 g，砂仁 75 g。

【主治】肾亏阴虚引起的产蛋下降。

【用法与用量】混饮，鸡每 1 L 水 0. 5 g，连用 3～5 d。

【处方 6】激蛋散：虎杖 100 g，丹参 80 g，菟丝子、当归、川芎、牡蛎、肉苁蓉各 60 g，地榆、白芍各 50 g，丁香 20 g。

【主治】输卵管炎，产蛋功能低下。

【用法与用量】混饲，鸡每 1 kg 饲料 10 g。

【处方 7】降脂激蛋散：刺五加、仙茅、何首乌、当归、艾叶各 50 g，党参、白术各 80 g，山楂、六神曲、麦芽各 40 g，松针粉 200 g。

【主治】产蛋下降。

【用法与用量】混饲，鸡每 1 kg 饲料 5～10 g。

第六章　抗微生物药

287. 常用的抗生素有哪些?

抗生素主要是由微生物产生的，以低微浓度能选择性抑制或杀灭病原体的代谢产物和次级代谢产物。根据其抗菌范围或作用对象(即抗菌谱)及应用范围，主要分为下列几类：

(1) 主要作用于革兰氏阳性菌的抗生素：包括青霉素类、头孢菌素类、林可胺类、大环内酯类、杆菌肽等。

(2) 主要作用于革兰氏阴性菌的抗生素：包括氨基糖苷类、多黏菌素等。

(3) 主要作用于支原体的抗生素：如大环内酯类、截短侧耳素类等。

(4) 广谱抗生素：包括四环素类、酰胺醇类，不仅对革兰氏阳性菌、阴性菌有作用，而且对某些支原体、螺旋体、衣原体和立克次体亦有作用。

(5) 抗真菌抗生素：如灰黄霉素、制霉菌素、两性霉素 B 等。

(6) 抗寄生虫抗生素：如越霉素 A、伊维菌素、盐霉素、莫能菌素、马杜霉素等。

上述分类是相对的，如主要作用于革兰氏阴性菌的链霉素对支原体亦有作用，主要作用于支原体的北里霉素对革兰氏阳性菌亦有较强的作用。某些抗生素如泰妙菌素、泰乐菌素、离子载体类等为动物专用的抗生素。

288. 青霉素类如何正确使用?

(1) 青霉素 G（苄青霉素）Penicillin G

【适应证】用于革兰氏阳性菌感染，亦用于放线菌及钩端螺旋体等的感染。如禽链球菌病、葡萄球菌病、螺旋体病、禽霍乱、霉形体病。

【用法与用量】肌内注射：一次量，禽 5 万 IU，每天 2～3 次，连用 2～3 d。

【药物相互作用】本品与四环素类、酰胺醇类、大环内酯类联用呈拮抗作用，药效下降，临床不宜联合应用。

（2）氨苄西林（氨苄青霉素）Ampicillin

【适应证】主要用于对氨苄西林敏感的革兰氏阳性菌和革兰氏阴性菌感染。如治疗禽白痢、禽伤寒、霍乱、支气管炎、输卵管炎、大肠杆菌病等。

【用法与用量】

混饮：每 1 L 水，禽 50～100 mg，连用 3～5 d。

内服：一次量，每 1 kg 体重，鸡 20～50 mg，每天 1～2 次。

皮下或静脉注射：一次量，每 1 kg 体重，鸡 10 mg，每天 3 次。

【药物相互作用】本品与庆大霉素等氨基糖苷类抗生素联用疗效增强。

（3）阿莫西林（羟氨苄青霉素）Amoxicillin

【适应证】用于敏感菌所致的呼吸道、消化道、泌尿道及软组织等全身感染，对肺部细菌感染有较好疗效，如治疗禽伤寒、霍乱、鸡白痢、肺炎、支气管炎、输卵管炎、大肠杆菌病等。

【用法与用量】

混饮：每 1 L 水，禽 50～100 mg，连用 3～5 d。

内服：一次量，每 1 kg 体重，鸡 20～30 mg，每天 2 次，连用 5 d。

肌内注射：每 1 kg 体重，鸡 15～25 mg，每天 2 次。

（4）海他西林（缩酮氨苄青霉素）Hetacillin

【适应证】主要用于对氨苄西林敏感的革兰氏阳性菌和革兰氏阴性菌感染。如治疗禽白痢、禽伤寒、霍乱、支气管炎、输卵管炎、大肠杆菌病等。

【用法与用量】内服：一次量，每 1 kg 体重，鸡 5~10 mg，每天 1~2 次。

（5）美西林 Mecillinam

【适应证】用于肠杆菌属及克雷伯菌属等敏感菌所致的急慢性单纯和复杂性尿路感染，以及由此引起的败血症。与其他青霉素或头孢菌素联用可起协同作用，联合治疗阴性杆菌所致的败血症、脑膜炎、心内膜炎、骨髓炎、下呼吸道感染、腹腔感染及皮肤感染等。

【用法与用量】静脉注射或深部肌内注射：1 日量，鸡 0.11 g，分 2 次应用。

【药物相互作用】单独应用杀菌作用不强，若与 β-内酰胺类（其他青霉素、头孢菌素）药物联用，可明显提高杀菌作用。

289. 头孢菌素类药如何正确使用？

（1）头孢噻肟 Cefotaxime

【适应证】用于耐青霉素、头孢菌素、氨基糖苷类抗生素的革兰氏阳性和阴性需氧菌和厌氧菌感染及大肠杆菌、沙门菌、肠杆菌属、奇异变形杆菌和流感杆菌等敏感菌所致的呼吸道感染、尿路感染、胃肠道感染、脑膜炎、败血症、软组织感染、骨科感染及生殖系统感染，如禽的慢性呼吸道病、大肠杆菌病、沙门菌病等。

【用法与用量】肌内注射：一次量，每 1 kg 体重，禽 50~100 mg，每天 2~3 次。

（2）头孢噻呋 Ceftiofur

【适应证】用于巴氏杆菌、放线杆菌、嗜血杆菌、沙门菌、大肠杆菌、葡萄球菌、链球菌等敏感菌引起的感染，用于治疗雏鸡细菌病，如大肠杆菌病、沙门菌病等。

【用法与用量】肌内注射或颈部皮下注射：1 日龄雏鸡，每只 0.1 mg。

（3）头孢喹诺 Cefquinome

【适应证】用于溶血性或多杀性巴氏杆菌、沙门菌、大肠杆菌、链球菌、葡萄球菌等敏感菌引起的感染，多防治雏鸡细菌病，如大肠杆菌病、沙门菌病。

【用法与用量】肌内注射：每1 kg体重，禽2.6 mg，连用2～3 d。

290. 氨基糖苷类药如何正确使用？

（1）链霉素 Streptomycin

【适应证】用于治疗结核杆菌及革兰氏阴性菌如大肠杆菌、沙门菌、巴氏杆菌、志贺痢疾杆菌、布氏杆菌、肺炎杆菌、产气杆菌、鼻疽杆菌等敏感菌引起的感染。如大肠杆菌病、禽霍乱等。

【用法与用量】肌内注射：一次量，每只成年禽100～200 mg，雏鸡、仔鸡20～50 mg，每天2次。

（2）庆大霉素 Gentamicin

【适应证】主要用于金黄色葡萄球菌、绿脓杆菌、大肠杆菌、肺炎杆菌、沙门菌、变形杆菌和其他敏感菌所引起的动物败血症、呼吸道感染、肠道感染、胆道感染、化脓性腹膜炎、颅内感染、尿路感染等。

【用法与用量】

混饮：每1 L水，禽50～100 mg。

肌内或静脉注射：一次量，禽每1 kg体重3 mg，每天3次。

（3）卡那霉素 Kanamycin

【适应证】用于多数革兰氏阴性菌如大肠杆菌、沙门菌、肺炎杆菌、变形杆菌、巴氏杆菌和部分耐药金黄色葡萄球菌所引起的动物败血症及呼吸道、泌尿道感染等。内服用于肠道感染如鸡白痢、禽伤寒、副伤寒、禽霍乱、禽大肠杆菌病、葡萄球菌病等。

【用法与用量】

混饲：每1 000 kg饲料，禽150～250 g。

混饮：每1 L水，禽50～100 mg。

内服：一次量，每1 kg体重，禽20～40 mg，每天3次。

肌内注射：一次量，每1 kg体重，鸡、鸽10～30 mg，鸭20～40 mg，每天2次。

(4) 新霉素 Neomycin

【适应证】内服用于治疗革兰氏阴性菌如痢疾杆菌、大肠杆菌、变形杆菌、沙门菌、产气杆菌、巴氏杆菌等敏感菌所致的胃肠道感染。

【用法与用量】

混饲：每 1 000 kg 饲料，鸡 77~154 g。

混饮：每 1 L 水，鸡 50~75 mg，连用 3~5 d。

(5) 大观霉素（壮观霉素）Spectinomycin (Actinospectacin)

【适应证】用于治疗支原体感染及革兰氏阴性菌、阳性菌如葡萄球菌、链球菌、大肠杆菌、沙门菌、巴氏杆菌等敏感菌引起的感染，如治疗禽大肠杆菌病、沙门菌病、禽霍乱、支原体病、传染性滑液囊炎等。

【用法与用量】

混饮：每 1 L 水，鸡 0.5~1.0 g，连用 3~5 d；雏鸡 0.25~0.4 g，连用 3~5 d。

内服：一次量，雏鸡（1~3 日龄）5 mg/只，育成年鸡 20~80 mg/只，成年鸡 100 mg/只。

肌内注射：一次量，每 1 kg 体重，禽 30 mg，每天 1 次。

(6) 安普霉素 Apramycin

【适应证】用于治疗革兰氏阴性菌如大肠杆菌、沙门菌、变形杆菌、巴氏杆菌及葡萄球菌和支原体引起的感染。如治疗禽大肠杆菌、沙门菌病及支原体病。

【用法与用量】混饮：每 1 L 水，鸡 0.25~0.5 g（以安普霉素计），连用 5 d。

(7) 盐酸大观霉素盐酸林可霉素可溶性粉

【适应证】用于治疗革兰氏阴性菌、阳性菌及支原体感染。仅用于 5~7 日龄雏鸡。

【用法与用量】混饮：以本品计，每 1 L 水，禽 0.5~0.8 g，连用 3~5 d。

【规格】

5 g：大观霉素2 g（200万u）与林可霉素1 g（以林可霉素计）。

50 g：大观霉素20 g（2 000万u）与林可霉素10 g（以林可霉素计）。

100 g：大观霉素40 g（4 000万u）与林可霉素20 g（以林可霉素计）。

291. 四环素类药如何正确使用？

（1）土霉素 Oxytetramycin

【适应证】多用于治疗肠道多种病原菌感染，如鸡白痢、大肠杆菌病、禽霍乱等。

【用法与用量】

混饲：每1 kg饲料（以土霉素计），鸡、鸭0.1~0.3 g。

混饮：每1 L水，禽150~250 mg，连用3~5 d；鸽263~396 mg（防治衣原体病），连用7~14 d。

内服：一次量，每1 kg体重，禽25~50 mg，每天2~3次。

（2）多西环素 Doxycycline

【适应证】用于治疗禽类的慢性呼吸道病、大肠杆菌病、沙门菌病和鹦鹉热等，对禽的细菌与支原体混合感染亦有较好疗效。

【用法与用量】

混饲：每1 000 kg饲料，禽100~200 g。

混饮：每1 L水，禽50~100 mg。鸽250~800 mg（防治支原体、巴氏杆菌感染和衣原体病）。

内服：一次量，每1 kg体重，禽10~20 mg，每天1次，连用3~5 d。

肌内注射：一次量，每1 kg体重，禽10 mg，每天1次。

（3）米诺环素 Minocycline Hydrochloride

【适应证】主要用于治疗革兰氏阳性菌和阴性菌、需氧菌和厌氧菌引起的感染，有很强的抗菌作用，如支原体、衣原体和螺旋体等敏感菌引起的尿路感染、胃肠道感染、产科疾病、眼及耳鼻咽喉感染、骨髓炎等。

【用法与用量】

混饲：每 1 000 kg 饲料，禽 100~200 g。

混饮：每 1 L 水，禽 50~100 mg。

内服：一次量，每 1 kg 体重，禽 10~20 mg，每天 1 次。

292. 大环内酯类药如何正确使用？

（1）泰乐菌素 Tylosin

【适应证】用于治疗支原体、革兰氏阳性菌所致的感染，如禽支原体病、坏死性肠炎等。

【用法与用量】

混饮：每 1 L 水，禽 500 mg（以泰乐菌素计），连用 3~5 d。

混饲：每 1 000 kg 饲料，鸡 300~600 g（以磷酸泰乐菌素计）。

皮下或肌内注射：一次量，每 1 kg 体重，以酒石酸泰乐菌素计，禽 5~13 mg，每天 2 次，连用 5 d。

（2）替米考星 Tilmicosin

【适应证】用于敏感菌引起的感染。如禽慢性呼吸道病、禽霍乱等。

【用法与用量】混饮：每 1 L 水，鸡 75 mg（以替米考星计），连用 5 d。

（3）泰万菌素 Tylvalosin

【适应证】用于治疗禽支原体及其他敏感菌感染。

【用法与用量】

混饮：每 1 L 水，鸡 200~300 mg，连用 3~5 d。

混饲：每 1 000 kg 饲料，鸡 100~300 g，连用 7 d。

（4）泰拉霉素 Tulathromycin

【适应证】治疗禽支原体、巴氏杆菌及其他敏感菌感染，如慢性呼吸道病、禽霍乱。

【用法与用量】参考泰乐菌素。

（5）盐酸林可霉素硫酸大观霉素可溶性粉

【适应证】用于防治鸡沙门菌病、大肠杆菌性肠炎、支原体引起的禽慢性呼吸道病等。

【用法与用量】混饮：每1 L水，鸡，1~4周龄150 mg；4周龄以上75 mg。

293. 多肽类药如何正确使用？

（1）多黏菌素E Polymyxin E

【适应证】防治鸡大肠杆菌、沙门菌等革兰氏阴性菌引起的肠道感染，也用于绿脓杆菌感染。

【用法与用量】以黏菌素计。

混饮：每1 L水，鸡20~60 mg（以黏杆菌素计）。

混饲：每1 000 kg饲料，鸡2~20 g。

（2）杆菌肽 Bacitracin

【适应证】与多黏菌素配伍，防治细菌性肠道感染。

【用法与用量】

混饮：每1 L水，50~100 mg，连用5~7 d。

混饲：每1 000 kg饲料，雏鸡4~40 g。

294. 酰胺醇类药如何正确使用？

（1）甲砜霉素 Thiamphenicol

【适应证】用于治疗肠道、呼吸道等的细菌性感染，如禽大肠杆菌病、沙门菌病、禽支原体病、禽霍乱、鸭传染性浆膜炎等。

【用法与用量】

混饮：每1 L水，鸡50 mg，连用3~5 d。

混饲：每1 000 kg饲料，禽200~300 g。

内服、静脉、肌内注射：一次量，每1 kg体重，禽5~10 mg，每天2次。

（2）氟苯尼考 Florfenicol

【适应证】用于治疗禽敏感菌所致感染。如禽大肠杆菌病、沙门菌病、禽支原体病、禽霍乱、鸭传染性浆膜炎等。

【用法与用量】

混饮：每 1 L 水，鸡 100~150 mg，连用 3~5 d。

内服：一次量，每 1 kg 体重，禽 20~30 mg，每天 2 次，连用3~5 d。

295. 林可胺类药如何正确使用？

（1）林可霉素 Lincomycin

【适应证】主要用于治疗革兰氏阳性菌特别是耐青霉素、红霉素的革兰氏阳性菌所引起的各种感染，支原体引起的禽慢性呼吸道病，厌氧菌感染如鸡的坏死性肠炎等。

【用法与用量】

混饲：每 1 000 kg 饲料，禽 22~44 g（效价），连用 1~3 周。

混饮：每 1 L 水，鸡 20~40 mg。

内服：一次量，每 1 kg 体重，鸡 15~30 mg，每天 3 次。

肌内或静脉注射：一日量，每 1 kg 体重，禽 20~40 mg，分 2 次注射。

（2）克林霉素 Clindamycin

【适应证】参考林可霉素。本品不能透过血脑屏障，不能用于脑膜炎。

【用法与用量】

肌内或静脉注射：一日量，每 1 kg 体重，禽 20~40 mg，分 2 次注射。

肌内注射：一次量，每 1 kg 体重，禽 15~20 mg，每隔 48 h 一次，连用 2 次。

296. 主要作用于支原体的抗生素如何正确使用？

（1）泰妙菌素 Tiamulin

【适应证】用于防治鸡的慢性呼吸道病、葡萄球菌病、链球菌病。

【用法与用量】

混饲：每 1 000 kg 饲料，鸡 400 g，连用 3~5 d。

混饮：每 1 L 水，鸡 125~250 mg，连用 3 d（以泰妙菌素计）。

（2）沃尼妙林 Valnemulin

【适应证】用于防治禽的细菌性肠道病和呼吸道病，如慢性呼吸道病。

【用法与用量】混饲：每 1 000 kg 饲料，鸡 200~500 g。

【药物相互作用】常与金霉素、多西环素配伍使用，呈现协同作用。

297. 磺胺类药如何正确使用？

（1）磺胺嘧啶 Sulfadiazine

【适应证】临床常与抗菌增效剂（TMP）5∶1 配伍，用于治疗敏感菌引起的脑部、呼吸道及消化道感染，如链球菌病、葡萄球菌病、禽霍乱、大肠杆菌病、伤寒、副伤寒和球虫感染等。

【用法与用量】

混饮：每 1 L 水，禽 1 000 mg。

混饲：每 1 000 kg 饲料，禽 2 000 g。

内服：一次量，每 1 kg 体重，禽 0. 07~0. 14 g。

（2）磺胺噻唑 Sulfathiazole

【适应证】用于敏感菌所致的肺炎、出血性败血症、子宫内膜炎及禽霍乱、鸡白痢等。

【用法与用量】混饲：每 1 000 kg 饲料，磺胺噻唑 250 g，磺胺二甲氧嘧啶 250 g，连用 3 d。

（3）磺胺甲噁唑 Sulfamethoxazole

【适应证】主要用于敏感菌引起的呼吸道、泌尿道和消化道感染，亦可用于球虫病。

【用法与用量】

混饮：每 1 L 水，禽 600~800 mg。

混饲：每 1 000 kg 饲料，禽 1 000~2 000 g。

（4）磺胺二甲嘧啶 Sulfadimidine

【适应证】用于治疗敏感菌所引起的各种感染，如巴氏杆菌病、葡萄球菌病、链球菌病、呼吸道感染、鸡白痢、住白细胞原虫病及球虫病等。

【用法与用量】

混饲：每 1 000 kg 饲料，禽 2 000 g。

内服：一次量，每 1 kg 体重，禽 0. 07～0. 14 g。

（5）磺胺间甲氧嘧啶 Sulfamonomethoxine

【适应证】用于治疗革兰氏阴性菌、革兰氏阳性菌、厌氧菌等敏感菌所引起的各种感染，如肺炎、菌痢、肠炎及泌尿道感染，临床用于球虫病、沙门菌病、鸡住白细胞原虫病等的治疗。

【用法与用量】

混饮：每 1 L 水，禽 250～1 000 mg。

混饲：每 1 000 kg 饲料，禽 1 000～2 000 g，预防减半。

内服：一次量，每 1 kg 体重，禽 0. 05～0. 1 g，每天 1～2 次。

（6）磺胺对甲氧嘧啶 Sulfamethoxydiazine

【适应证】用于敏感菌引起的泌尿道、呼吸道及皮肤软组织等的感染，也用于肠道细菌性感染和球虫病等。

【用法与用量】

混饮：每 1 L 水，禽 250～1 000 mg。

混饲：每 1 000 kg 饲料，禽 1 000～2 000 g，预防减半。

内服：一次量，每 1 kg 体重，禽 0. 05～0. 1 g，每天 1～2 次。

（7）磺胺邻二甲氧嘧啶 Sulfadimoxine

【适应证】本品为长效磺胺，主要用于防治禽霍乱、传染性鼻炎、球虫病、鸡卡氏住白细胞原虫病，也可用于治疗其他敏感菌所引起的呼吸道、泌尿道感染及菌痢等。

【用法与用量】

混饮：每 1 L 水，禽 250～500 mg。

混饲：每 1 000 kg 饲料，禽 500～1 000 g。

内服：一次量，每 1 kg 体重，禽首次量 0. 05～0. 1 g，维持量

0.025~0.5 g，每天1次。

（8）磺胺氯哒嗪 Sulfachlorpyridazine

【适应证】主要用于治疗鸡大肠杆菌和巴氏杆菌感染等。

【用法与用量】

内服：一次量，每1 kg体重，首次量50~100 mg，维持量25~50 mg，每天1~2次，连用3~5 d。

混饮：每1 L水，禽300 mg。

（9）磺胺甲氧达嗪 Sulfamethoxypyridazine

【适应证】用于链球菌、葡萄球菌、肺炎球菌、大肠杆菌、李氏杆菌等敏感菌感染。

【用法与用量】内服：一次量，每1 kg体重，首次量50~100 mg，维持量25~50 mg，每天2次，连用3~5 d。

（10）磺胺脒 Sulfaguanidine

【适应证】适用于肠炎、下痢等肠道细菌性感染。

【用法与用量】

混饲：每1 000 kg饲料，禽2 000~4 000 g。

内服：每1 kg体重，禽0.2 g（首次量），0.1 g（维持量），每天2~3次。

（11）甲氧苄啶 Trimethoprime

【适应证】常以1∶5与磺胺药配伍，其复方制剂主要用于治疗禽大肠杆菌性败血症、鸡白痢、禽伤寒、鸡霍乱及呼吸道继发性细菌感染。

【用法与用量】

混饮：每1 L水，禽120~200 mg。

混饲：按本药和磺胺药二者总量计，每1 000 kg饲料，禽200~400 g。

内服：一次量，每1 kg体重，禽0.02 g，每天2次。

（12）二甲氧苄啶 Diaveridine

【适应证】主要用于防治鸡球虫病、鸡白痢、禽霍乱等。多与磺胺药（如磺胺喹噁啉、磺胺甲噁唑、磺胺间甲氧嘧啶、磺胺对甲氧嘧啶等）1∶5 配合应用。

【用法与用量】

混饲：每 1 000 kg 饲料，禽 200 g。

内服：一次量，每 1 kg 体重，禽 10 mg。

298. 喹诺酮类药如何正确使用？

（1）诺氟沙星 Norfloxacin

【适应证】用于治疗禽的细菌性疾病和支原体感染，如大肠杆菌病、沙门菌病等。

【用法与用量】

混饮：每 1 L 水，禽 50~100 mg，每天 2 次，连用 3~5 d。

混饲：每 1 000 kg 饲料，禽 100~200 g。

内服：一次量，每 1 kg 体重，禽 10 mg，每天 2 次。

肌内注射：一次量，每 1 kg 体重，禽 5 mg，每天 2 次。

【注意事项】自 2016 年 12 月 31 日起，食品动物中禁止使用本品。

（2）环丙沙星 Ciprofloxacin

【适应证】用于禽细菌性疾病和支原体感染。

【用法与用量】

混饮：每 1 L 水，禽 15~25 mg，每天 2 次，连用 3~5 d。

内服：一次量，每 1 kg 体重，禽 5~10 mg，每天 2 次。

肌内注射：一次量，每 1 kg 体重，禽 5~10 mg，每天 2 次。

（3）恩诺沙星 Enrofloxacin

【适应证】用于禽细菌性疾病和支原体感染，如传染性鼻炎、支原体感染、鸡白痢等。

【用法与用量】

混饮：每 1 L 水，禽 50~75 mg，每天 2 次，连用 3~5 d。

混饲：每 1 000 kg 饲料，禽 100 g。

肌内注射：一次量，每 1 kg 体重，禽 2.5~5 mg，每天 2 次，连用 3 d。

（4）氧氟沙星 Ofloxacin

【适应证】主要用于敏感菌所致的急慢性呼吸道、泌尿道、胆道、肠道、皮肤软组织感染及禽的各种霉形体感染等。

【用法与用量】

混饮：每 1 L 水，禽 50~100 mg，每天 2 次，连用 3~5 d。

肌内注射：一次量，每 1 kg 体重，禽 2.5~5 mg，每天 2 次。

【注意事项】自 2016 年 12 月 31 日起，食品动物中禁止使用本品。

（5）达氟沙星 Danofloxacin

【适应证】主要用于禽大肠杆菌病、巴氏杆菌病、败血霉形体病等。

【用法与用量】

混饮：每 1 L 水，禽 25~50 mg，连用 3~5 d。

内服：一次量，每 1 kg 体重，鸡 2.5~5 mg。每天 1 次，连用 3 d。

（6）沙拉沙星 Sarafloxacin

【适应证】用于细菌性疾病与支原体病，如大肠杆菌病、沙门菌病、禽霍乱、支原体病和葡萄球菌病等。

【用法与用量】

混饮：每 1 L 水，禽 25~50 mg，连用 3~5 d。

肌内注射：一次量，每 1 kg 体重，禽 2.5~5 mg，每天 2 次，连用 3~5 d。

混饲：每 1 000 kg 饲料，禽 50~100 g。

（7）二氟沙星 Difloxacin

【适应证】用于鸡细菌性疾病与支原体感染，如鸡的慢性呼吸道病、禽霍乱等。

【用法与用量】

混饮：每 1 kg 体重，鸡 10 mg，每天 2 次，连用 3~5 d。

内服：一次量，每 1 kg 体重，鸡 5~10 mg，每天 2 次。

（8）氟甲喹 Flumequine

【适应证】主要用于革兰氏阴性菌所引起的消化道和呼吸道

感染。

【用法与用量】

混饮：每 1 L 水，鸡 30~60 mg，每天 2 次，连用 3~5 d；首次量加倍。

内服：一次量，每 1 kg 体重，鸡 3~6 mg，每天 2 次，连用 3~5 d。

299. 其他化学合成抗菌药如何正确使用？

（1）痢菌净（乙酰甲喹）Maquindox

【适应证】主要用于治疗禽霍乱、禽大肠杆菌病和沙门菌病等引起的肠炎。

【用法与用量】

混饮：每 1 L 水，鸡 50~100 mg。

内服：一次量，每 1 kg 体重，鸡 5~10 mg，每天 2 次，连用 3 d。

肌内注射：一次量，每 1 kg 体重，禽 5 mg ，每天 2 次。

（2）喹乙醇 Olaquindox

【适应证】用于治疗敏感菌引起的感染，如禽霍乱、大肠杆菌病等。

【用法与用量】

内服：每 1 kg 体重，20~30 mg，每天 1 次，连用 3~4 d。

混饲：每 1 000 kg 饲料，30 g。

（3）甲硝唑 Metronidazole

【适应证】临床上主要用于治疗阿米巴痢疾、滴虫病、鞭毛虫病、小袋虫病等原虫感染及腹腔脓肿、腹膜炎、脓胸、生殖道感染、关节炎、脑膜炎及坏死组织中的厌氧菌感染。

【用法与用量】

混饮：每 1 L 水，禽 250~500 mg，连用 7 d。

静脉注射：一次量，每 1 kg 体重，鸡 20 mg，每天 1 次，连用 3 d。

（4）地美硝唑 Dimetridazole

【适应证】用于防治禽类的组织滴虫病。

【用法与用量】混饲：每 1000 kg 饲料，500 g。

(5) 乌洛托品 Methenamine

【适应证】用于磺胺类、抗生素疗效不好的尿路感染，促进尿酸排出。

【用法与用量】混饮：每1 L水，鸡0.5~1 g，连用3~5 d。

300. 抗真菌药如何正确使用？

(1) 灰黄霉素 Grisefulvin

【作用与用途】为内服抗浅表真菌感染药，对各种皮肤真菌（毛癣菌、小孢子菌和表皮癣菌等）均有较强作用。外用不易透入皮肤，难以取得疗效。临床以内服为主，用于治疗家畜的各种浅表癣病，如犊牛、马属动物、犬的毛癣，但对禽毛癣的疗效较差。

【用法与用量】内服：一日量，每1 kg体重，禽40 mg。

(2) 制霉菌素 Nystatin

【作用与用途】广谱抗真菌药，对念珠菌属的抗菌活性最为明显，对隐球菌、烟曲霉菌、毛癣菌、表皮癣菌和小孢子菌有较强抑制作用，对组织胞浆菌、芽生菌、球孢子菌亦有一定的抗菌活性。内服难吸收，临床混饲或内服用于消化道真菌感染，如鸡、鸽、犬、猫的念珠菌病、鸡嗉囊真菌病、禽曲霉菌病、牛真菌性网胃炎等，或用于防治长期应用广谱抗菌药物所引起的真菌性二重感染，局部用于真菌性乳腺炎、子宫炎，外用治疗体表的真菌感染，如禽冠癣等。

【用法与用量】

混饲：治疗白色念珠菌感染（如禽鹅口疮），每1 kg体重，禽50万~100万u，连用1~3周。治疗雏鸡曲霉菌病，每100只，50万u，每天2次，连用2~4 d。

气雾用药：每立方米，鸡50万u，吸入30~40 min。

内服：雏鸡、雏鸭5 000 u，每天2次。

(3) 两性霉素B（芦山霉素）Amphotericin B

【作用与用途】为广谱抗真菌药，对隐球菌、球孢子菌、组织胞浆菌、白色念珠菌、芽生菌等多种全身性深部真菌均有强大的抑制作用，其中皮炎芽生菌、组织胞浆菌、新型隐球菌、念珠菌属、球孢子菌对本品敏感，曲霉菌部分耐药，皮肤和毛癣菌等浅表真菌大多耐药。本品对细菌及其他病原体无效，是治疗深部真菌感染的首选药物，主要用于上述敏感真菌所引起的深部真菌病。

【用法与用量】

混饮：雏鸡每只每天 0.1~0.2 mg。

气雾：每立方米，鸡 25 mg，吸入 30~40 min。

（4）克霉唑（三苯甲咪唑、抗真菌Ⅰ号）Clotrimazole

【作用与用途】广谱抗真菌药，对多种致病性真菌有抑制作用，对皮肤浅表真菌的抗菌谱和抗菌效力与灰黄霉素相似，对内脏致病性真菌，如白色念珠菌、新型隐球菌、球孢子菌和组织胞浆菌等，有一定作用，但较两性霉素 B 差。真菌对本品不易产生耐药性。本品内服易吸收，可内服治疗全身性及深部真菌感染，如烟曲霉菌病、白色念珠菌病、隐球菌病、球孢子菌病、组织胞浆菌病（犬、猫）及真菌性败血症等。对严重的深部真菌感染，宜与两性霉素 B 合用。外用亦可治疗浅表真菌感染，如鸡冠癣和家畜的体癣、毛癣等。

【用法与用量】混饲：每只，雏鸡 10 mg。

（5）酮康唑 Ketoconazole（Nizoral）

【作用与用途】广谱抗真菌药，对浅表及深部真菌感染均有作用，且低浓度抑菌，高浓度杀菌。对皮炎芽生菌、球孢子菌、组织胞浆菌、隐球菌、曲霉菌、小孢子菌、毛癣菌等均有抑制作用，疗效优于灰黄霉素和两性霉素 B，且更安全。但本品对曲霉菌和孢子丝菌作用弱，一般白色念珠菌对本品耐药。适用于消化道、呼吸道及全身性真菌感染，外用治疗犬、猫真菌病，厌氧菌等引起的细菌性皮肤病及鸡冠癣等浅表真菌感染。

【用法与用量】内服：一次量，每 1 kg 体重，鸡 10~20 mg。